浙江省“十一五”重点教材建设项目

高职高专规划教材

日化产品质量控制分析检测

周小锋　主编
金菊花　张丽阳　副主编

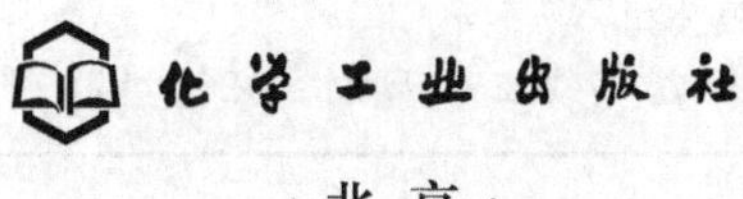

·北京·

本教材是为配合精细化学品生产技术专业及相关专业的工学结合的教学改革而编写。全书共分 11 章，精心选择日化产品生产质量控制、日化产品质量控制检验样品的抽取、化妆品感官指标检验、化妆品理化指标检验、化妆品的常规卫生指标检验、化妆品特殊卫生指标检验、化妆品及其生产环境的微生物指标检验、日化产品的常规原料质量控制检验、合成洗涤剂的检验和肥皂质量控制检测等学习项目。每个学习项目分为“入门项目”、“自主项目”和“拓展项目”三个学习层次，书中采用了国家标准规定的术语、计量单位和试验方法，书末附录了常见日化产品检验相关术语的中英文对照，配套制作了相关课程网页，为学习者提供了相关的资料。

本书可作为高职高专精细化学品生产技术、化工分析等专业的教材，也可作为相关工种的职业技能培训教材，同时可作为日化企业从事 QC 及相关分析、化验、商检等工作人员的参考用书及业务培训用书。

图书在版编目（CIP）数据

日化产品质量控制分析检测/周小锋主编. —北京：化学工业出版社，2011.1（2024.8 重印）
高职高专规划教材
ISBN 978-7-122-10320-8

Ⅰ. 日… Ⅱ. 周… Ⅲ. ①日用化学品-质量控制-高等学校：技术学院-教材②日用化学品-检测-高等学校：技术学院-教材 Ⅳ. TQ072

中国版本图书馆 CIP 数据核字（2010）第 264278 号

责任编辑：窦 臻　　文字编辑：刘志茹
责任校对：战河红　　装帧设计：王晓宇

出版发行：化学工业出版社（北京市东城区青年湖南街 13 号　邮政编码 100011）
印　　装：北京虎彩文化传播有限公司
787mm×1092mm　1/16　印张 10¾　字数 256 千字　2024 年 8 月北京第 1 版第 5 次印刷

购书咨询：010-64518888　　售后服务：010-64518899
网　　址：http://www.cip.com.cn
凡购买本书，如有缺损质量问题，本社销售中心负责调换。

定　　价：32.00 元

前　言

工学结合作为职业教育的重要特征已经逐渐被职业教育界所接受。工学结合要落到实处，核心是课程，只有将工学结合落实到课程教学之中，工学结合才不再是口号，不再是纸上谈兵。所以开发与建设工学结合课程模式已经成为一种必然，积极探索并付诸行动是当务之急，作为一种新的课程模式需要我们不断实践探索，本教材正是为配合精细化学品生产技术专业及相关专业的教学改革而编写，是教学改革的一种实践与探索。本课程教学改革的思路是：针对日化企业 QC 岗位的岗位要求，以国家及行业标准为依据，精心选择日化产品生产质量控制、日化产品质量控制检验样品的抽取、化妆品感官指标检验、化妆品理化指标检验、化妆品的常规卫生指标检验、化妆品特殊卫生指标检验、化妆品及其生产环境的微生物指标检验、日化产品的常规原料质量控制检验、合成洗涤剂的检验和肥皂质量控制检测等学习项目，全面实施教、学、做一体化的教学模式。不同于以往的以理论为主导增加实践环节的做法，本课程的学习内容从日化企业 QC 岗位相关工作领域转换而来，教学形式始终体现“教、学、做一体”，体现学生主体，让学生以完成 QC 岗位的工作任务为载体，达到学习知识和技能的学习目标，同时，还特别要强调通过这样的教学过程潜移默化地使学生逐步养成良好的职业素质，并注意在学习与工作环境中渗透相关专业英语的影响与熏陶，配合专业英语课程改革。

本课程的学习项目设置分 3 个学习层次，第一层次是“入门项目”，即学生的工作任务的完成按老师给出的实施方案并在教师指导下进行，并引导学生思考，这是教、学、做一体化教学的第一阶段，这一阶段要激发学生学习兴趣和求知欲，给学生完成任务的思路与程序，重在引导学生正确做事，同时完成知识与技能的初步学习目标；第二层次是“自主项目”，老师给出任务，学生自主完成工作任务，自主组合团队、探究知识、制定实施方案，选择工具、工艺和方法并完成任务，在活动过程中教师仍需适时给予引导和总结，通过这一层次的实施要达到预定的能力目标和相关应用知识体系构建的目的；第三层次是“拓展项目”，是开拓性学习，可以在层次上有一定跳跃性，或具有举一反三的应用意义，有时可在知识或技能方面带有承前启后的作用，意在培养学生知识技能的运用能力、拓展或创新思维以及可持续发展能力。也就是说，工学结合课程不是简单地增加技能训练，它的核心内容是学会“如何工作”、“如何完成特定任务”，学会“学习”。第一、二层次是全体学生必须完成的学习目标，第三层次应是鼓励尽可能多的学生去达成的学习目标，留给学生尝试新的行动方式的实践空间，使学生能在实现既定目标的过程中自我反思，让学习成为一个可自我控制的过程。

本教材不单独阐述理论知识，强调在完成工作任务的同时建构理论知识。引出的知识是行动的知识，是实践的知识，体现从行动中学习知识。强调课程的知识目标服从于应用，要与学生驾驭知识的能力相匹配。知识的掌握将服务于能力的建构，以工作任务为中心来整合相应的知识，使学生在完成任务的过程中训练工作能力、学习能力，学习做人做事，掌握以工作任务为中心重新整合构建起来的应用知识体系。

教材在编写中努力探索解决“工学结合的课程在打破学科体系后应该建立什么样的知识

体系”的问题，强调专业学习的目的是掌握合理利用专业知识技能独立解决专业问题的能力，强调教学设计的核心是“让学生有机会经历完整工作过程”。教材的核心不是传授事实性的专业知识，而是体现让学生在尽量真实的职业情境中学习“如何工作”，课程项目是从日化产品质量检验“工作领域”的“典型工作任务”转化而来的“学习任务”，即来源于工作实际的、理实一体化的综合性学习任务。“典型工作任务”是从工作内容中提炼出来的，但并不是企业真实工作任务的简单复制，而是将其按照“教育性”要求对具有“技术含量”的任务进行“修正”的结果。本教材编写中强调典型工作任务不是若干小项目的简单加和，而是工作的整体性与综合性设计，这也是高职教育与技能培训的分水岭。缺少整体性的项目化课程，无法构建系统的“应用性知识体系”。

本教材将体现“在本课程中，学习的内容是工作，通过工作实现学习”，学生职业成长不是简单的“从不知到知”的知识学习和积累过程，而是“从完成简单工作任务到完成复杂工作任务”的能力发展过程。

本书具体分工如下：周小锋主编负责教材构架与编写思路的策划，组织团队教师企业实践、编写分工、与合作企业沟通交流、教材统稿等组织工作，主持与教材配套的企业现场视频的录制，杭州孔凤春化妆品有限公司质检与研发部主任金菊花和杭州传化花王有限公司产品检测与研发组长张丽阳分别负责化妆品与洗涤产品部分的企业资料的提供、教学项目的确定、任务书的审定等工作，金菊花还参与全书的最后审定、协助进行企业现场视频的录制工作。教材中的课程导入及第1、2章由周小锋负责编写，第3章由吕路平、周小锋负责编写，第4、5章由李巍巍负责编写，第6章由吕路平负责编写，第7章由俞卫平负责编写，第8章由林忠华负责编写，第9章由何艺负责编写，第10章由程建国、周小锋负责编写。本教材是校企合作的显性成果，也是课程建设团队共同合作的结晶，借此机会感谢本课程的合作共建单位杭州孔凤春化妆品有限公司和杭州传化花王有限公司对教材编写工作的直接参与和大力指导，也感谢课程团队全体成员的辛勤努力。

由于本教材的编写力图体现教学改革的实践和探索，一定存在着不完善与不成熟之处，真诚希望教材使用者给我们提出宝贵的改进意见和建议。

周小锋

2010年11月于杭州

目　录

0 课程导入

0.1 课程定位

本课程是以化妆品（cosmetics）和洗涤类产品（washing products）生产为专业方向的精细化学品生产技术专业的一门核心课程，是专业必修课程。主要适用于化妆品和洗涤类产品生产企业的QC岗位的高技能人才的培养及企业分析检验人员的专业培训。本课程在精细化学品生产技术专业中的定位见图0-1。

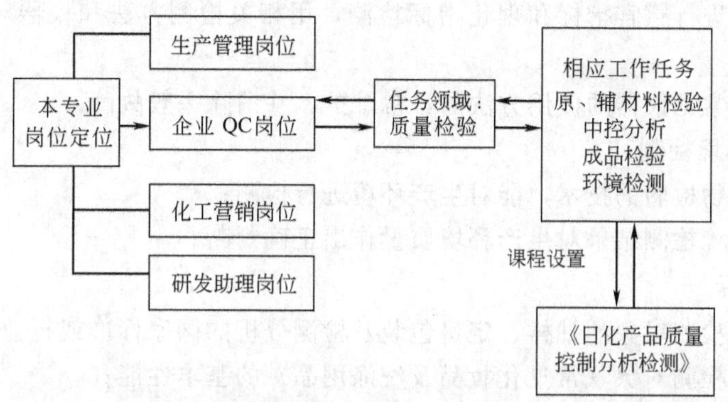

图0-1　本课程在精细化学品生产技术专业中的定位

本课程为学生提供在日化企业QC岗位就业所必需的能力训练、知识学习和素质熏陶。通过邀请企业相关岗位一线专家与职业教育课程专家共同完成的“精细化学品生产技术专业工作任务与职业能力分析”，确定了本课程的主要内容和课程目标。本课程培养学生对化妆品及洗涤类日化产品生产的主要质量控制点（quality control points）的质控能力，学生应能在化妆品及洗涤类日化生产企业按国家标准完成原料（raw materials）质量、生产过程控制及产品品质等主要质量控制点的分析检测任务，培养学生具备对抽样能力（sample capacity）、样品预处理（pretreatment）能力以及样品感官指标、理化指标、微生物指标等规定指标的分析检测（analysis and detection）和产品质量判断能力，培养相关分析仪器的操作和维护能力。

本课程以“无机及分析”和“高级分析测试技术（仪器分析）”课程的学习为基础，同时与“日化产品生产工艺”课程相互支撑与衔接，后续课程为专业顶岗实习、毕业顶岗实习。

0.2 课程目标

0.2.1 能力目标

0.2.1.1 原、辅材料检验（testing of raw materials）

① 能根据检测工作要求检索（search）相关标准；

② 能根据标准（standard）要求制定检测方案；

③ 能进行原、辅材料抽样（sample）；

④ 能进行原、辅材料的分析和数据处理（data processing）；

⑤ 能根据检测结果对原、辅材料的质量进行正确判定；

⑥ 能对检验中的异常（abnormalities）进行分析处理并反馈；

⑦ 能用相关检测仪器（instruments）对原、辅料指定指标进行分析。

0.2.1.2 中控（process control）分析

① 能按标准对中间产品进行检验；

② 能对检验过程中出现的异常情况进行分析并消除；

③ 能对中间产品进行分析和判定；

④ 能对检测数据（data）进行处理和规范报告。

0.2.1.3 成品（products）检验

① 能对产品的微生物指标进行检验；

② 能对产品进行感官指标和理化指标检测，用相关检测方法和仪器对产品指定指标进行分析；

③ 熟练掌握常见仪器的使用方法与日常维护，并消除一般故障。

0.2.1.4 生产环境检测

① 掌握微生物检验的技术，能对生产环境进行检测；

② 能根据环境检测结果对生产环境质量作出正确判断。

0.2.2 知识目标

① 掌握相关检测对象的抽样、定量包装及检测分析的国家标准或行业标准；

② 掌握相关检测对象（常见化妆品及洗涤用品）的基本性能；

③ 了解常见化妆品及洗涤用品生产的主要质量控制点和质量判断依据；

④ 掌握相关的感官指标检测、理化指标检测原理、检测条件和检测方法；

⑤ 掌握相关的微生物检测原理、检测条件和检测方法；

⑥ 掌握相关规定指标的检测原理、检测条件和检测方法；

⑦ 掌握相关的溶液（solution）配制、相关计算方法和原理；

⑧ 了解主要检测仪器和设备的工作原理（principle）、使用和维护方法；

⑨ 掌握常见化妆品及洗涤用品的品质判断方法；

⑩ 掌握检测的数据处理和质量控制方法；

⑪ 熟悉日常工作条件下的主要安全隐患、危险防范措施和方法；掌握实验室紧急处理原理和方法。

0.2.3 素质目标

① 能按5S管理要求养成良好的作业现场安排和保持好习惯；

② 对仪器、设备有良好的维护、保养习惯，有规范的报修意识；

③ 具备对国家标准的检索（search）能力和解读能力；

④ 具有按国标要求制定工作方案（work program）的能力；

⑤ 有分工与合作意识，养成顾全大局的团队精神，具有按角色合作完成相关任务的良好心态和责任心；

⑥ 有严谨的现场操作和数据处理的习惯，树立正确的“量”的意识；

⑦ 对新任务有如何着手开展工作的工作思路和方法；
⑧ 有做方案电子文本、制表、制作 PPT 的基本能力；
⑨ 有对方案、实施意图的表达和评判能力；
⑩ 有职业安全意识和防范意识，会应急处理；
⑪ 建立良好的环境保护意识；
⑫ 养成为人谦虚，善解人意，尊敬他人，不随意插嘴的文明礼貌素质；
⑬ 良好的口头表达、与人沟通交往的职业能力；
⑭ 分析问题、解决问题能力和创新思维能力；
⑮ 具有合理的成本（cost）意识；
⑯ 能承受挫折、面临问题能冷静分析原因的心理素质；
⑰ 逐步积累常见相关专业英文词汇，能理解运用仪器设备使用中出现的英文。

0.3 教、学方法

本课程采用项目化教学，项目的选取来自于化妆品企业和日化企业，并在项目设计过程中尽可能遵循学生认知规律，促成学生循序渐进地完成从初学者到“高素质、高技能人才”的成长过程。因此，学习过程中工作任务设置分 3 个学习层次。

第一层次是“入门项目”，即学生的工作任务的完成是按老师给出的实施方案并在教师指导下进行的，并引导学生思考，这是教、学、做一体化教学的第一阶段。这一阶段教师提供给学生完成任务的思路与程序，重在引导学生正确做事，同时完成知识与技能的初步学习目标。学生在这一阶段要有“做中学”的意识，要在完成任务的过程中学会思考，不仅要达到“能做”的目标，还要经常思考“为什么要这么做？能不能那么做？……”当你有愿望得到答案时，当你试图去寻找答案时，恭喜你，真正的学习开始了，不要轻易放弃，你将得到的不仅仅是答案，更可能是受益终身的学习能力。教师们在这一阶段，要有“做中教”的意识，适时引导学生思考，并在他们需要时适当做一下同学们的“拐杖”，给他们以帮助、指点和知识点梳理，同时，一定要记住，从一开始就务必要让学生养成良好的工作习惯，关注细节，这会让你的学生与众不同。训练有素不仅仅体现在技能上，更体现在良好的职业素质的养成上！

第二层次是“自主项目”，教师给出任务，学生根据任务书要求自主完成工作任务。学生应自主组合工作团队，模拟入门项目的工作思路和方法，分工合作完成收集资料、检索标准、探究知识、制定实施方案，选择工具、工艺和方法，并共同完成任务。在活动过程中教师需关注学生的工作过程，适时给予引导和点评，通过这一层次的实施要达到预定的能力和素质目标，同时获得相关应用知识的目的。

第三层次是“拓展项目”，是在知识指导下的开拓学习，可以举一反三，拓展性运用已有的知识技能，也可在知识或技能方面带有承前启后的作用，层次上可以有一定跳跃性，具有更强的自主性、创新性或难度，旨在培养学生自主学习、知识技能的运用能力、拓展或创新思维，以及可持续发展能力。

应该说，本课程不是简单地训练检测技能，学生应理解本课程的核心内容是学会“如何工作”“如何完成特定的工作任务”，从而学会“学习和工作”，会自主学习与工作。第一、二层次是全体学生必须完成的学习目标，第三层次是我们鼓励尽可能多的学生去达成的学习目标，留给学生尝试新的行动方式的实践空间，使学生能在实现既定目标的过程中自我反思，学生可根据自身情况设置恰当的学习目标，选择适当的学习项目，让学习成为一个可自我控制的过程。

0.4 本章中英文对照表

序号	中文	英文	序号	中文	英文
1	化妆品	cosmetics	11	数据处理	data processing
2	洗涤类产品	washing products	12	异常	abnormalities
3	原料	raw materials	13	仪器	instruments
4	质量控制点	quality control points	14	中控	process control
5	抽样能力	sample capacity	15	数据	data
6	预处理	pretreatment	16	成品	products
7	分析检测	analysis and detection	17	溶液	solution
8	原、辅材料检验	testing of raw materials	18	原理	principle
9	检索	search	19	工作方案	work program
10	标准	standard	20	成本	cost

1 日化产品生产质量控制

本章以“日化产品（cosmetic products）生产质量控制点确定”的工作任务为载体，展示日化产品生产的质量控制点及检验方案的制订的工作思路与方法，强调日化生产质量控制（QC）的思路与方法，渗透了日化生产的QA、QAS、QC、TQC等生产质量保证与质量控制等相关的应用性知识和质量管理理念。

1.1 质量保证与质量控制

案例导入：红豆实验

产品质量是企业的生命。在质量控制中，哪方面亟须改进？是企业员工还是企业系统？最不费脑子的回答是员工。但全面质量管理的原则表明，很可能是企业的系统。抓住质量控制的根本：产品不合格率居高不下，也许根源在于组织系统，而非员工态度或能力。

戴明（W. Edwards Deming，著名质量管理专家）的“红豆实验”：使用一个装有4000粒豆子的大容器，其中800粒是红色的，其余3200粒是白色的。戴明给参加实验者（选6人）提供了一种类似桨形板的工具，上面有50个孔可以用来收集豆粒。参加者代表企业工人，桨形板是他们的工具。工人们把桨形板插入盛满豆子的容器中，拿出来时每个孔中就会装进一粒红色或白色的豆子。毫无疑问，每次至少会取出数粒红豆（假定容器中红豆占20%。从统计学上讲，我们每取出50粒豆，其中应含10粒红豆）。

然后，戴明让每个工人利用手中的工具，轮流从豆桶中取出50粒豆子。他制定了一个质量标准，工人每取出50粒豆中应含2粒红豆（比预计少8粒）。这项标准成为该项工作质量控制系统的基础。由此形成一个生产流程、一项质控标准和一个质量检验流程。

戴明作为检验员，根据先前制定的质控标准来评估每个工人，即每次用桨形板所取出的豆中，红豆的比例不能超过4%（即50：2）。

在实验中，几乎没有几位工人的达标努力令人满意，虽然工人们通常能够对他们的工作成果具有较多的控制权。但由于管理层所设置的生产流程与质控标准的不合理，这种管理系统的缺陷甚至会殃及最优秀的工人。

结果表明，工人不能达成质量目标，是企业的管理系统造成的，并不是因为工人懒惰或缺少技能。工人表现的好坏取决于企业生产系统和质量管理的合理性，与个人能力无关。这项实验的结果使大多数人认识到，要求工人们加倍努力并不见得能提高企业组织的效率，也许首先需要改进的是企业的生产系统及质量管理体系本身。

通过“红豆实验”案例希望使企业管理层及企业质检部门理解：质量控制（quality control，QC）是质量标准体系中的重要组成部分，同时，质量控制（QC）工作只有在完善的质量保证（quality assurance，QA）体系（QAS）下才是有意义的，质量控制（包括质量检测）的前提是建立企业的合理、完善的质量保证体系。本课程则重点讨论质量控制及其分析检测。

1.2 化妆品配制车间生产质量控制点的确定（入门项目）

1.2.1 工作任务书

“化妆品配制车间生产质量控制点的确定”工作任务书见表 1-1。

表 1-1 “化妆品配制车间生产质量控制点的确定”工作任务书

工作任务	确定化妆品配制车间的生产质量控制点(参考附件:某企业配制车间生产程序)		
任务情景	某化妆品配制车间欲试生产经工艺调整后的 A 产品		
任务描述	由企业质保部会同技术部、生产部确定需质检部跟踪检测的“质量控制点”		
目标要求	(1) 能全面分析影响产品质量的因素,能简单分析判断其中的关键影响因素 (2)能合理确定质检部应跟踪检测的质控点		
任务依据	该车间生产工艺与作业流程		
学生角色	组长:质保部人员(牵头);组员为质保部、技术部或生产车间派出人员	项目层次	入门项目
成果形式	1. 化妆品配制车间生产质量控制点一览表 2. 过程材料:案例车间的生产程序简图、质量影响因素分析材料(小组讨论稿) 3. 知识点梳理、小结材料(包括问题与思考)		
备注	成果材料要求制作成规范的文档装订上交或以电子文档形式上传课程网站		

1.2.2 工作任务实施导航

1.2.2.1 查阅企业的相关文件

相关文件包括该产品的生产工艺相关文件、企业及该车间的作业流程，如图 1-1。

1.2.2.2 根据生产工艺与作业流程全面分析有可能影响产品质量的因素

(1) 分析方法　可以利用相关人员进行头脑风暴法，或利用全面质量管理工具进行分析，如分析原因通常可利用因果图（鱼刺图）(cause & effect/fishbone diagram) 分析。

(2) 鱼刺图的基本结构　见图 1-2。

(3) 鱼刺图分析法分两个步骤　分析问题原因、绘制鱼刺图。具体方法详见本章 1.4.1.2。

分析问题原因应针对性地把可能影响因素都罗列与分析出来。为保证原因分析的全面、少遗漏，涉及现场作业的分析一般可从人员、机器、材料、方法、环境、测量（简称“人机料法环测”）等六大要素（如图 1-2 所示）分别分析可能的因素和解决对策。

① 人员　配制员、称量员、原料接收员、化验员等车间生产流程中的每个人都可以成为影响产品质量的因素，其中任何一个岗位人员的失误最终均会传到产品，从而影响成品质量，所以，每个岗位都可以是质控点，其工作质量和其生产的在制品的质量都应“受控”。从另一层面上讲，其中任何一个岗位人员也就应该成为生产过程的质控员。所以，TQC 强调“全员质控”，即每个岗位的每个员工都负有质量控制的责任。

分析“人员”要素对产品质量的影响，可以对每个岗位分析，从共性到个性进行分析，如：a. 由于人的责任心问题会导致岗位之间流转交接不清、信息错误等引起错误作业，如原料称量错误，那必定直接影响产品质量；而解决途径主要应从生产管理程序的完善着手(属质量保证系统)，诸如规范和监督流转程序、加强操作者与复核者责任考核等，而从质检

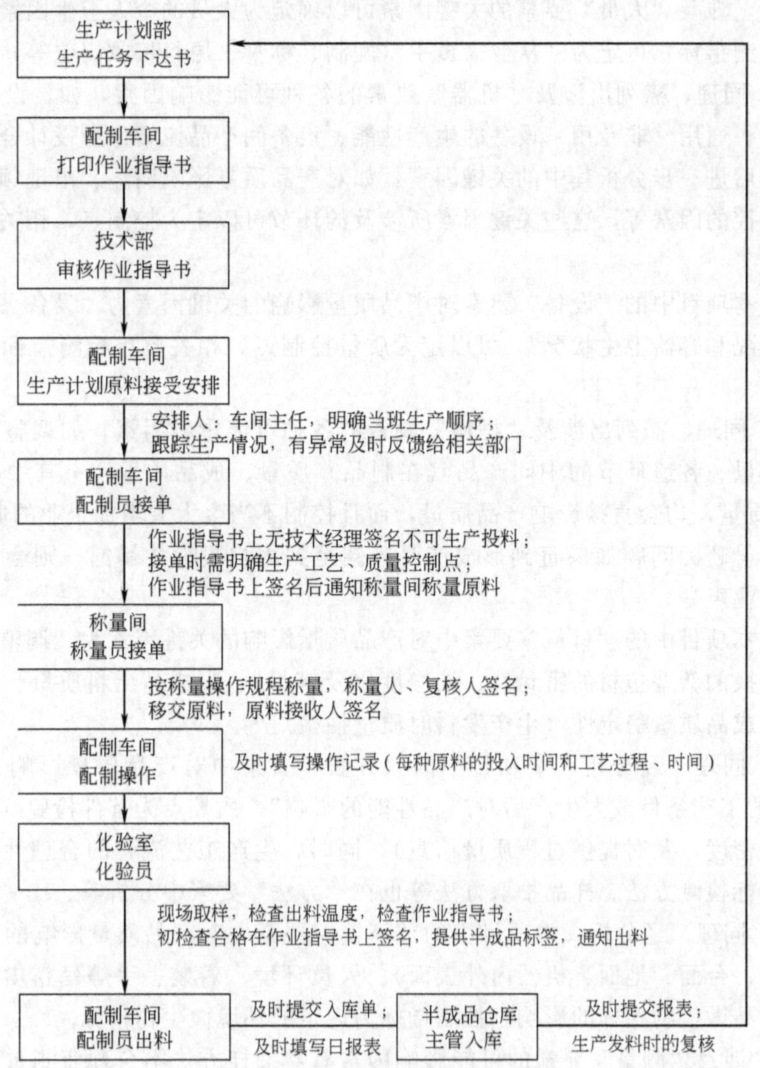

图 1-1 某企业配制车间生产程序

角度，可以对易出现失误的流转环节进行在制品质量指标抽检；b. 人员不熟悉新工艺（设备）导致条件控制不准确等，可以通过重点控制关键条件（如加热时间）、重点巡回抽检在制品及产品关键性能指标（如产品加热时间不当，引起黏度变化及其他物理性能改变）等途径解决；c. 员工个人卫生状况不良，直接影响产品微生物指标；可通过加强培训，同时强化新员工个人环境指标检测及在制品及成品微检等。

尽可能罗列出所有的影响因素，然后进一步分析其中的关键因素：如对产品质量影响明显、出现频率高概率大的因素、不易受控的因素等，这些关键因素所涉及的环节可以定为控制点，相关检测指标为质控要素。

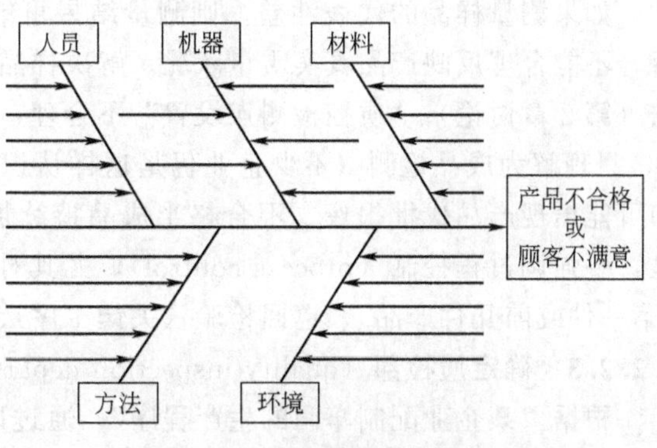

图 1-2 鱼刺图的基本结构

本项目中，涉及“人员”要素的关键因素可以确定为人员的个人卫生因素的影响，质控要素（相关检测指标）可定为“从业人员手（配制、称量、原料接收岗位等）细菌检测”。

② 机器　同理，需列出涉及“机器”要素的各种可能影响因素，如，设备配置是否符合新工艺要求、通用（非专用）设备的生产性能、设备间产品流转作业设计合理性、设备材质溶出……然后进一步分析其中的关键因素：如对产品质量影响明显、出现频率高概率大的因素、不易受控的因素等，这些关键因素所涉及的环节可以定为控制点，相关检测指标为质控要素。

经分析，本项目中的“设备”要素对产品质量影响的关键因素为“设备（特别是阀门等死角）卫生状况和容器卫生状况”，可以定为质量控制点，相关质控检测指标为化妆品微生物指标。

③ 材料　同理，需列出涉及“材料”要素的各种可能影响因素，如调整工艺后的原料质量、包材质量、各道环节的中间产品（在制品）质量、成品质量……其中任何一种材料（如原料）的质量，均会直接影响产品质量，而且控制不当会大大增加企业的质量成本。如，原料重金属含量超标问题如果直到形成产品，甚至到用户投诉才暴露，则会报废整批次产品，还搭上企业声誉。

经分析，本项目中的“材料”要素中对产品质量影响的关键因素为“调整工艺后的新原料质量”、“更换的新型包材的密封性、洁净度以及容量”、半成品出料质量、半成品灌装品质量抽检、半成品质量稳定性（生产发料时质量抽检）等。

④ 方法　同理。经分析，本项目中的“方法”要素中对产品质量影响的关键因素为“变动或调整的工艺条件放大生产后对产品性能的影响”，质控点为首件检验（加大第一批产品的过程检验密度，及时提供过程质量信息）。同时，生产工艺流程的合理性、在制品流转程序、控制指标检测方法、样品抽取方法等也在“方法”要素中分析等。

⑤ 环境　同理。经分析，本项目中的“环境”要素中对产品质量影响的关键因素为车间环境（空气、台面、地面、机器内外表面）、人员环境（着装、手等暴露皮肤、个人化妆品使用）对产品微生物指标的影响，控制指标为规定的环境微生物指标。

⑥ 测量　涉及“测量”要素的可能影响因素有：抽样方法不合理使测量样品不具有代表性，而导致测量结论错误，误导生产；测量方法不合理而导致检测结果错误，同样会误导生产；测量检验程序不合理，不能及时反映产品质量信息，导致生产质量成本加大等。

经分析，本项目中的“测量”要素对产品质量影响的关键因素为“测量样品的代表性”及“质控检测点设置”。

如果测量样品的代表性差，则测量结果可能毫无意义，不能正确反映生产过程正常与否，不能合理反映产品真实质量状况。解决样品代表性问题的有效措施是采用科学的抽样方法（第 2 章讨论）；“质控检测点设置”不合理，也可能导致质量管理失控，如：如果我们将 QC 只理解为成品检测（不少企业仍是这样认识的），虽然可以避免不合格品流入市场，但却可能出现产品成批报废、不合格半成品持续加工等产品生产质量失控现象。其解决措施是：要强调过程控制（process control），尤其对工序调整后应强化过程检测——“首件检验（第一件或前几件产品）、巡回检验（关键工序）、完工检验（成品检验）”。

1.2.2.3 确定质检部（quality inspection department）应跟踪检测的质控点

根据“某企业配制车间的生产程序”，通过以上“人员、机器、材料、方法、环境、测量”等六大要素的分析和讨论，将本项目中可能对产品质量产生影响的关键因素（控制内容)、质量控制点以及相关质控检测指标（detection index）等归纳到表 1-2 中。

表 1-2 化妆品配制车间生产质量控制点一览表（检测）

序号	质量控制点名称		控制内容	检测指标	工序(控制阶段或时点)
1	人员				
2					
3					
	机器				
	材料				
	环境				
	……				

组长：　　　　　　　组员：　　　　　　　　　　　　　　质检部负责人：

说明：质量控制的效果是提高或维持产品质量属性参数的精密度，而不是提高产品本身的性能。要提高产品性能或品质，往往要从开发新产品或改进工艺过程着手，产品开发和工艺改进当由生产工艺技术课程论述。

1.2.3 问题与思考

① 何谓 QA？何谓 QC？

② 试列举 3 点及以上区别 QA 与 QC 的方法。

③ “QC 即产品质量检测”这个说法正确吗？

④ 简述确定企业产品生产的质量控制点的思路。

1.3 化妆品订单生产的质量控制点的确定（自主项目）

1.3.1 工作任务书

“化妆品订单生产的质量控制点的确定”工作任务书见表 1-3。

表 1-3 “化妆品订单生产的质量控制点的确定”工作任务书

工作任务	确定化妆品订单生产的质量控制点(参考附件:化妆品生产订单的执行程序)
任务情景	A 企业接收 B 企业 OEM 订单,根据订单组织产品生产
任务描述	由企业质保部会同技术部、生产部确定需质检部跟踪检测的“质量控制点”
目标要求	(1)能全面分析影响订单产品质量的因素,能简单分析判断其中的关键影响因素 (2)能合理确定质检部应跟踪检测的质控点

续表

任务依据	企业“化妆品生产订单的执行程序”		
学生角色	组长：质保部派出人员（牵头）；组员为车间派出的工艺及检验人员	项目层次	自主项目
成果形式	1.“化妆品订单生产质量控制点一览表” 2. 过程材料：企业资料“化妆品生产订单的执行程序”等、质量影响因素分析材料（小组讨论稿） 3. 知识点小结（包括问题与思考）		
备注	成果材料要求制作成规范的文档装订上交或以电子文档形式上传课程网站		

1.3.2 工作任务实施导航

查阅企业的相关文件，举例如图 1-3 所示。

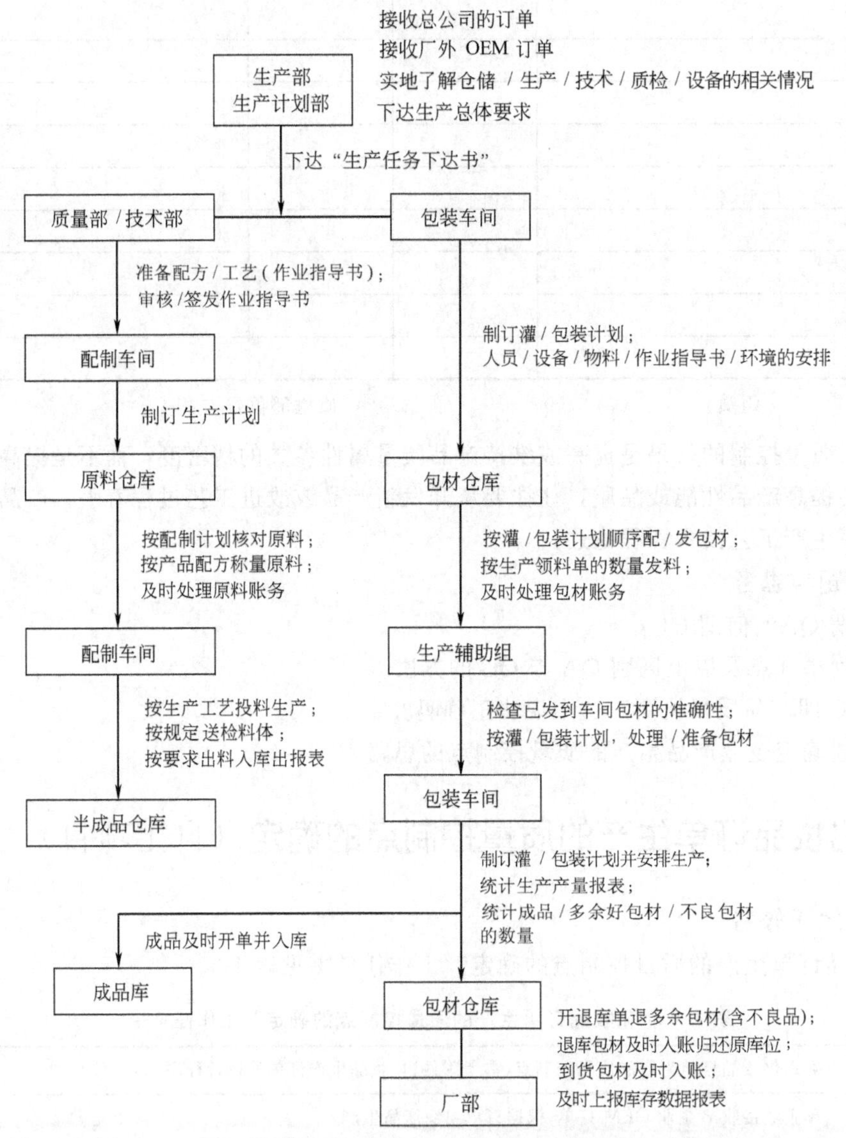

图 1-3 化妆品生产订单的执行程序

1.3.3 问题与思考

① 企业生产的质量控制点的确定可以从哪几方面进行系统分析？

② 何谓“因果图分析法”？该方法的主要作用是什么？

③ 如果采用“头脑风暴法”分析生产质量影响因素，主持人应注意什么？

④ 何谓 QMS、QAS、TQC？

1.4 教学资源

1.4.1 相关知识技能要点

1.4.1.1 质量保证与质量控制

（1）质量管理体系 QMS（quality management system） 当管理与质量有关时，则为质量管理。质量管理通常包括制定质量方针、目标以及质量策划、质量控制、质量保证和质量改进等活动。实现质量管理的方针目标，有效地开展各项质量管理活动，必须建立相应的管理体系，这个体系就叫质量管理体系。它可以有效达到质量改进。ISO 9000 是国际上通用的质量管理体系。

（2）质量保证体系 QAS（quality assurance system） 质量保证体系是指企业以提高和保证产品质量为目标，运用系统方法，依靠必要的组织结构，把组织内各部门、各环节的质量管理活动科学组织起来，将产品研制、设计制造、销售服务和情报反馈的整个过程中影响产品质量的一切因素有机地控制起来，形成的一个有明确任务、职责、权限，相互协调、相互促进的质量管理的有机整体。

（3）质量保证 QA（quality assurance） 为使人们确信某实体能满足质量要求，而在质量体系中实施并根据需要进行证实的全部有计划、有系统的活动，称为质量保证。

质量保证是针对生产过程的管理手段。QA 意在监督做事，致力于按照正确方法、在正确的时间做正确的事情。从做事方法上按照既定流程来保障产品质量，控制生产作业。QA 体现过程管理（process management)，以确保产品生产以一套规范高效的程序开展和实施。在 QA 制约下的生产过程，能够前瞻性、预防性地从制度上保障生产出好产品。因此，具有良好 QA 管理的企业，容易获得客户更多的信任。

显然，质量保证主要目的是使用户确信产品或服务能满足规定的质量要求。如果给定的质量要求不能完全反映用户的需要，则质量保证也不可能完善。

例如，在一个企业生产项目中，QA 人员可以帮助生产经理制定实施计划，使生产过程按照规程推进；并要使生产人员明白，应按照相应的规范、制度、程序等开展生产工作。随着生产过程的进展，QA 人员可以适时导入“控制点”来查是否会发生质量风险。如，生产组织正在从事预定范围之外的工作（如赶工），或生产中已发现有待加强管理之处。

从目前国内很多情况来看，QA 工作往往靠“意向性、模糊”的企业文化来代替，这种过多依靠企业文化来造就合理成熟的工作套路，显得过于间接和不确定。尤其在人员变动较快的行业，新入职的员工理解和认同企业文化并准确映射到具体工作中需要一个明显的滞后时间。这个弊端在小企业中不明显，但在大企业中会比较突出，所以，有必要建立起一套通用的 QA 工作标准模板，并在重要的生产项目中指派专人担当 QA 人员。QA 人员要实时追踪、了解、监督、评估生产项目中各种事件（现象）是否符合规范的流程？现有流程是否有效率？低效事件是因未被流程涵盖还是流程缺陷所致？就是说，QA 人员要有“透过现象看本质”的抽象分析总结能力，生产项目中每个失误现象，都应触发其思考并提出改进建议。QA 人员能从一系列个性化生产过程中不断地抽取出有效的、有普遍意义的流程优化经验和建议，它们确认后，会不断地沉淀、纳入（归档）到企业的过程管理中，成为今后企业生产管理的通用工作指导。

质量保证分为内部质量保证和外部质量保证，内部质量保证是企业管理的一种手段，目的是为了取得企业领导的信任。外部质量保证是在合同环境中，供方取信于需方信任的一种手段。因此，质量保证的内容绝非是单纯的保证质量，而更重要的是要通过对那些影响质量的质量体系要素进行一系列有计划、有组织的评价活动，为取得企业领导和需方的信任而提出充分可靠的证据。

（4）质量控制 QC（quality control） 为达到质量要求所采取的作业技术和活动称为质量控制。这就是说，以达到质量要求，获取经济效益，而采用的各种质量作业技术和活动。

质量控制（QC）是针对生产产品的技术手段。QC 是通过监视质量形成过程，消除所有阶段引起不合格的因素。在企业领域，质量控制活动主要是企业内部的生产现场管理，是指为达到和保持质量而进行控制的技术措施和管理措施方面的活动。质量检验从属于质量控制，是质量控制的重要活动。QC 服务于产品生产，处于生产的流程中。更贴切地说，QC 并非直接“控制质量”，而是通过生产过程中不同控制点的相关对象的检测来进行控制。

QC 工作人员应全面细致地捕捉生产过程中的疏忽。要求检验人员能准确理解用户需求或国标指标要求，对产品品质作出正确判断及预见性判断，并反馈于生产管理。

全面质量控制 TQC（total quality control）：TQC 是以组织全员参与为基础的质量管理形式。它有两个方面的含义：一是全面质量控制，即以优质为中心，实行全员、全过程、全方位的质量控制；二是全面质量，包括产品质量和工作质量。

在市场经济快速发展的今天，“质量第一”、“以质量求生存”已是一条不破的真理。TQC 即是一种能够保证产品质量的完善的科学管理体系，也是现代企业系统中不可分割的组成部分。

质量控制管理的目标是尽可能达到稳定的可靠的产品。质量控制不好，产品不正常，可能要返工甚至出废品，于是生产成本提高了。加强质量控制管理，可以立即提高生产效率，可以使产品成本大大下降，然后达到某种相对稳定的状况。这时进一步加强控制可能就没有多少效果了，而且常常导致控制管理成本急剧增加，使整体效益降低，远不是控制得越严格越好。这个要心中有数，计算好效益，要统筹考虑。

（5）质量保证与质量控制 质量保证是以质量控制为其基础的，没有质量控制，就谈不上质量保证。有时，质量控制活动和质量保证活动又是相关的（见图 1-4）。

图 1-4 中正方形表示全部质量管理工作。要开展质量管理，首先应制定质量方针，同时进行质量策划、设计并建立一个科学有效的质量体系。而要建立质量体系，则应设置质量管理组织机构，明确其职责权限，然后开展质量控制活动和内部质量保证活动。质量控制活动是作业技术和活动，而内部质量保证活动则是为了取得企业领导的信任而开展活动。二者之间用虚 S 形分开，说明这两种活动是很难明显区分开来的，而大小虚圆则是表示方形内的活动和工作都是质量管理。如用实圆就是把它们与质量管理割开了。

弧形斜线部分表示外部质量保证活动，它是在合同上或法规中有质量保证要求时，才发生的。这种外部质量保证活动的开展，是为了取得需方的信任。而弧形部分覆盖在方形上，则形象地说明了外部质量保证只能建立在企业内部质量管理基础上，也就是说，质量保证体系应建立在质量管理体系的基础上。离开质量管理和质量控制，就谈不上质量保证。离开质量管理体系，也就不可能建立质量保证体系。

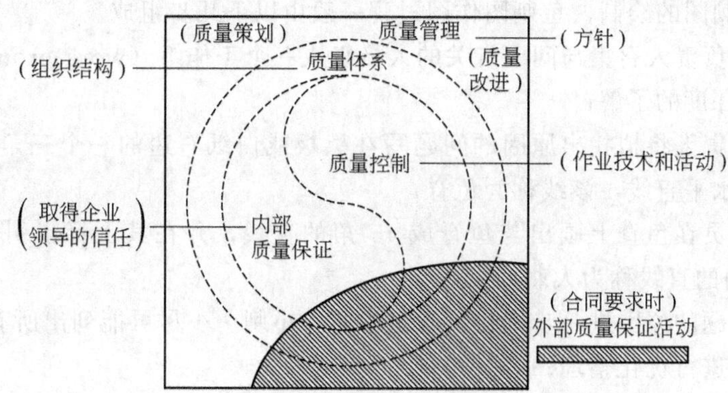

图 1-4　质量控制活动和质量保证活动的关系

通过质量控制和质量保证活动，发现质量工作中的薄弱环节和存在的问题，再采取针对性的质量改进措施，进入新一轮的质量管理 PDCA 循环，以不断获得质量管理的成效。

1.4.1.2　质量管理工具之一——因果图分析法（鱼刺图法）

(1) 鱼刺图定义　问题的特性总是受到一些因素的影响，我们通过头脑风暴法找出这些因素，并将它们与特性值一起，按相互关联性整理而成的层次分明、条理清楚，并标出重要因素的图形就叫特性要因图。因其形状如鱼刺，所以又叫鱼刺图（以下称鱼刺图），它是一种透过现象看本质的分析方法，又叫因果分析图。

头脑风暴法（brain storming，BS）是一种通过集思广益、发挥团体智慧，从各种不同角度找出问题所有原因或构成要素的会议方法。BS 有四大原则：严禁批评、自由奔放、多多益善、搭便车。

(2) 鱼刺图制作　鱼刺图的制作分为两个步骤：一是分析问题原因，二是绘制鱼刺图。

第一步，分析问题原因。

① 针对问题点，选择层别方法（如人机料法环测等）；

② 按头脑风暴分别对各层别类地找出所有可能原因（因素）；

③ 找出的各要素进行归类、整理，明确其从属关系；

④ 分析选取重要因素；

⑤ 检查各要素的描述方法，确保语法简明、意思明确。

分析要点包括以下内容。

① 确定大要因（大刺）时，现场作业一般从“人机料法环”着手，管理类问题一般从“人事时地物”层别，应视具体情况决定；

② 大要因必须用中性词描述（不说明好坏），中、小要因必须使用价值判断（如不良）；

③ 脑力激荡时，应尽可能多而全地找出所有可能的原因，而不仅限于自已能完全掌控或正在执行的内容；对人的原因，宜从行动而非思想态度面着手分析；

④ 中要因跟特性值、小要因跟中要因间有直接的原因-问题关系，小要因应分析至可以直接下对策；

⑤ 如果某种原因可同时归属于两种或两种以上因素，请以关联性最强者为准（必要时考虑三现主义，即现时到现场看现物，通过相对条件的比较，找出相关性最强的要因归类）；

⑥ 选取重要原因时，不要超过 7 项，且应标识在最末端原因。

第二步，鱼刺图的绘制，鱼刺图作图过程一般由以下几步组成。

① 由问题的负责人召集与问题有关的人员组成一个工作组（work group），该组成员必须对问题有一定深度的了解；

② 问题的负责人将拟找出原因的问题写在黑板或白纸右边的一个三角形的框内，并在其尾部引出一条水平直线，该线称为鱼脊；

③ 工作组成员在鱼脊上画出与鱼脊成45°角的直线，并在其上标出引起问题的主要原因，这些成45°角的直线称为大刺；

④ 对引起问题的原因进一步细化，画出中刺、小刺……尽可能列出所有原因；

⑤ 对鱼刺图进行优化整理；

⑥ 根据鱼刺图进行讨论。

鱼刺图结构如图1-2所示。

由于鱼刺图是通过整理问题与它的原因的层次来标明关系，因此，能很好地描述定性问题。鱼刺图的制作要求工作组负责人（即进行企业诊断的专家）有丰富的指导经验，整个过程负责人尽可能为工作组成员创造友好、平等、宽松的讨论环境，使每个成员的意见都能完全表达，同时保证鱼刺图正确，即防止工作组成员将原因、现象、对策互相混淆，并保证鱼刺图层次清晰。负责人不对问题发表任何看法，也不能对工作组成员进行任何诱导。

(3) 鱼刺图法讨论实施步骤

① 查找要解决的问题。

② 把问题写在鱼刺的头上。

③ 召集同事共同讨论问题出现的可能原因，尽可能多地找出问题。

④ 把相同的问题分组，在鱼刺上标出。

⑤ 根据不同问题征求大家的意见，总结出正确的原因。

⑥ 拿出任何一个问题，研究为什么会产生这样的问题？

⑦ 针对问题的答案再问为什么？这样至少深入五个层次（连续问五个问题）。

⑧ 当深入到第五个层次后，认为无法继续进行时，列出这些问题的原因，而后列出至少20个解决方法。

1.4.1.3 质量控制点

(1) 质量控制点定义　指在质量活动中需要重点进行控制的对象或实体。

具体地说，是生产现场或服务现场在一定的期间内、一定的条件下对需要重点控制的质量特性、关键部位、薄弱环节以及主导因素等采取特殊的管理措施和方法，实行强化管理，使工序处于良好的控制状态，保证达到规定的质量要求。

(2) 质量控制点设置原则

① 对产品使用安全特性和重要质量特性有重大影响的关键工序、关键部位。

② 工艺本身有特殊要求或产品的主要质量特性，对后续的工序或使用有重要影响的项目。

③ 质量不稳定，出现不合格品较多的过程。

④ 顾客反馈的不良项目及其过程。

(3) 质量控制点类型

① 以质量特性值为对象设置的过程质量控制点。此类控制点往往在大批量生产场合下采用，其特点是：工艺规程详尽，对工装设备和自动检侧仪器的要求高，对材料质量有一定

要求，可采用统计控制技术，实行文明生产等。

② 以设备为对象设置的过程质量控制点。此类控制点适用于单件、小批或成批轮番生产场合。其特点是：要求过程分析策划周密，对操作人员技术要求高，技术人员需要深入现场，对产品的检验要求高等。

③ 以“过程”为对象设置的质量控制点，如装配、铸造、热处理和焊接等过程。此类控制点不易受控的过程因素往往较多，控制难度大，强调对全过程实施系统控制和对操作者的技能经验及其资格的要求，强调对设备、工艺方法、材料和环境等因素的综合要求。

(4) 质控点的建立与实施步骤

① 组建控制点小组。

② 确定质量控制点。

③ 编制质量控制点有关文件。

④ 建立控制手段、方法和管理制度。

⑤ 组织操作工人、质量管理人员、检验人员学习有关文件和制度。

⑥ 对质量控制点实施监控并反馈信息。

⑦ 对质量控制点实行监督、考核、验收及改进。

⑧ 在实施过程中，职责明确、责任清晰、权责一致是实现质量控制点预期效果的保证。

1.4.2 网络资源导航

① 课程网站：http://www.hzvtc.edu.cn/web/jpjx.asp

② 中国质量网：http://www.caq.org.cn/.

1.5 本章中英文对照表

序号	中文	英文	序号	中文	英文
1	日化产品	cosmetic products	8	过程控制	process control
2	质量保证(QA)	quality assurance	9	质检部	quality inspection department
3	质量控制(QC)	quality control	10	检测指标	detection index
4	戴明	W. Edwards Deming	11	质量管理体系(QMS)	quality management system
5	质量控制点	quality control point	12	质量保证体系(QAS)	quality assurance system
6	因果	cause & effect	13	全面质量控制(TQC)	total quality control
7	鱼刺图	fishbone diagram	14	头脑风暴法(BS)	brain storming

2 日化产品质量控制检验样品的抽取

质量检验工作的具体对象是检验样本，检验样本的获取是质量检验工作的首要环节。只有保证检验样本具有代表性，质量检测工作才是有意义的。要保证所抽取的样本在批中的代表性，必须保证样品抽取的随机性，即保证批中每一件产品被抽取的概率相同，也就是要避免人为主观因素而造成的误差。如何进行检验样品的抽取，就是本章所要讨论的主要问题。

2.1 交收检验的样品抽取（入门项目）

2.1.1 工作任务书

"选择抽样方案 1"工作任务书见表 2-1。

表 2-1 "选择抽样方案 1"工作任务书

工作任务	选择某批次日霜交收检验的抽样方案		
任务情景	企业甲委托企业乙代加工生产若干批批量为 20000 件的日霜，企业乙完成某批次的加工任务后准备向企业甲交货。交货时，收货方需通过检验判断将收取的该批次日霜是否可接受		
任务描述	选择该批次日霜交收检验的抽样方案，并根据任务书设定的抽检结果判断该批次产品是否可接受		
目标要求	(1)能按要求独立完成抽样方案的确定，并形成规范电子文稿 (2)能正确描述抽样方案的意义并可完成抽样操作 (3)能对批产品质量进行正确的判断		
任务依据	GB/T 2828.1—2003		
学生角色	代表企业甲(收货方)	项目层次	入门项目
成果形式	抽样方案的电子文稿；相关知识小结；问题与思考		
备注	成果材料要求制作成规范的电子文档打印装订上交或上传课程网站 (条件假设：按方案抽检后，不合格数为 12 件。作为批产品判定依据)		

2.1.2 工作任务实施导航

2.1.2.1 查阅相关国家标准

（1）查阅途径或方法

① 中国标准网

网站：www. standard. net. cn 需要在线定购各类标准。

② 中外标准类数据库（万方）

网站：http://wanfang. calis. edu. cn/Search/ResourceBrowse. aspx? by=0 需用万方账号查询。

③ 食品伙伴网

网站：http://down. foodmate. net/，可免费下载。

④ 地方科技网　如：杭州科技网。

网站：http://qbs.hznet.com.cn/bbs/wf_new.html，可免费注册，经审核后可查询全文。

⑤ 地方科技信息研究院　如：浙江省科技信息研究院。

地址：杭州市环城西路 33 号 0571-85158525，可委托专业人员付费查询全文。

⑥ 搜索引擎

网站：百度、谷歌搜索等，利用关键字搜索，可免费下载。

⑦ 杭州职业技术学院本精品课程网站　课程资源栏目。

(2) 查阅结果　GB/T 2828.1—2003 计数抽样检验程序。

2.1.2.2　标准及标准解读

(1) 相关标准

GB/T 2828.1—2003 计数抽样检验程序

第 1 部分：按接收质量限（AQL）检索的逐批检验抽样计划

1　范围

1.1　GB/T 2828 的本部分规定了一个计数抽样检验系统，本部分采用术语接收质量限（AQL）来检索。

本部分的目的是通过批不接收使供方在经济上和心理上产生的压力，促使其将过程平均至少保持在和规定的接收质量限一样好，而同时给使用方偶尔接收劣质批的风险提供一个上限。GB/T 2828 的本部分指定的抽样计划可用于（但不限于）下述检验：

——最终产品；

——零部件和原材料；

——操作；

——在制品；

——库存品；

——维修操作；

——数据或记录；

——管理程序。

1.2　这些抽样计划主要用于连续系列批。连续系列批的系列的长度足以允许使用转移规则。

这些规则为：

a) 一旦发现质量变劣，通过转移到加严检验或暂停抽样检验给使用方提供一种保护；

b) 一旦达到一致好的质量，经负责部门决定，通过转移到放宽检验提供一种鼓励，以减少检验费用。

略

2　规范性引用文件　略

3　术语、定义和符号

3.1　术语和定义

GB/T 3358.1、GB/T 3358.2 确立的以及下列术语和定义适用于 GB/T 2828 的本部分。

注：为便于参考，引用了 GB/T 3358.1 和 GB/T 3358.2 的一些术语的定义，其他术语是重新定义的。

3.1.1　检验　inspection

为确定产品或服务的各特性是否合格，测定、检查、试验或度量产品或服务的一种或多种特性，并且与规定要求进行比较的活动。

3.1.2　初次检验　original inspection

按照本标准对批进行的第一次检验。

注：必须将初次检验和以前未接收而再次提交批的检验加以区别。

3.1.3 计数检验 inspection by attributes

关于规定的一个或一组要求，或者仅将单位产品划分为合格或不合格，或者仅计算单位产品中不合格数的检验。

注：计数检验既包括产品是否合格的检验，又包括每百单位产品不合格数的检验。

3.1.4 单位产品 item

可单独描述和考察的事物。

例如：

——一个有形的实体；

——一定量的材料；

——一项服务，一次活动或一个过程；

——一个组织或个人；

——上述项目的任何组合。

3.1.5 不合格 nonconformity 不满足规范的要求。

注1：在某些情况下，规范与使用方要求（见3.1.6）一致；在另一些情况它们可能不一致，或更严，或更宽，或者不完全知道或不了解两者间的精确关系。

注2：通常按不合格的严重程度将它们分类，例如：

——A类 认为最被关注的一种类型的不合格。在验收抽样中，将给这种类型的不合格指定一个很小的AQL值。

——B类 认为关注程度比A类稍低的一种类型的不合格。如果存在第三类（C类）不合格，可以给B类不合格指定比A类不合格大但比C类不合格小的AQL值，其余不合格依此类推。

注3：增加特性和不合格分类通常会影响产品的总接收概率。

注4：不合格分类的项目、归属于哪个类和为各类选择接收质量限，应适合特定情况的质量要求。

3.1.6 缺陷 defect 不满足预期的使用要求。

注1：当按习惯来评价产品和服务的质量特性时，术语“缺陷”是适用的（与符合规范相反）。

注2：由于术语“缺陷”在法律范畴内目前有明确含义，不应用作一般术语。

3.1.7 不合格品 nonconforming item 具有一个或一个以上不合格的产品。

注：不合格品通常按不合格的严重程度分类，例如：

——A类 包含一个或一个以上A类不合格，同时还可能包含B类和（或）C类不合格的产品。

——B类 包含一个或一个以上B类不合格，同时还可能包含C类等不合格，但不包含A类不合格的产品。

3.1.8 （样本）不合格品百分数 percent nonconforming (in a sample)

样本中的不合格品数除以样本量再乘上100，即：$d/n\times100$

式中：

d——样本中的不合格品数；

n——样本量。

3.1.9 （总体或批）不合格品百分数 percent nonconforming (in a population or lot)

总体或批中的不合格品数除以总体量或批量再乘上100，即：$100p=100D/N$

式中：

p——不合格品率；

D——总体或批中的不合格品数；

N——总体量或批量。

注：GB/T 2828的本部分的术语“不合格品百分数”（见3.1.8和3.1.9）和“每百单位产品不合格数”，主要用于替代理论术语“不合格品率”和“每单位产品不合格数”，因为前者使用最为普遍。

3.1.10 （样本）每百单位产品不合格数 nonconformities per 100 items（in a sample）

样本中不合格数除以样本量再乘上100，即：$100d/n$

式中：

d——样本中的不合格品数；

n——样本量。

3.1.11 （总体或批）每百单位产品不合格数 nonconformities per 100 items（in a population or lot）

总体或批中的不合格数除以总体量或批量再乘上100，即：$100p=100D/N$

式中：

p——每单位产品不合格数；

D——总体或批中不合格数；

N——总体量或批量。

注：一个单位产品可能包含一个或一个以上的不合格。

3.1.12 负责部门 responsible authority

为维护GB/T 2828的本部分的中立地位而使用的概念（主要用于规范），而不管是否正在被第一、第二或第三方援引或利用。

注1：负责部门可以是：

a）供方组织内部的质量部门（第一方）；

b）采购方或采购组织（第二方）；

c）独立验证或认证机构（第三方）；

d）按双方的书面协议（如供方和采购方的文件）上所述职能（见注2），不同于a）、b）或c）的任何一方。

注2：略。

3.1.13 批 lot 汇集在一起的一定数量的某种产品、材料或服务。

注：检验批可由几个投产批或投产批的一部分组成。

3.1.14 批量 lot size 批中产品的数量。

3.1.15 样本 sample 取自一个批并且提供有关该批信息的一个或一组产品。

3.1.16 样本量 sample size 样本中产品的数量。

3.1.17 抽样方案 sampling plan 所使用的样本量和有关批接收准则的组合。

注1：一次抽样方案是样本量、接收数和拒收数的组合。二次抽样方案是两个样本量、第一样本的接收数和拒收数及联合样本的接收数和拒收数的组合。

注2：抽样方案不包括如何抽出样本的规则。

3.1.18 抽样计划 sampling scheme

抽样方案和从一个抽样方案改变到另一抽样方案的规则的组合。

3.1.19 抽样系统 sampling system

抽样方案或抽样计划及抽样程序的集合。其中，抽样计划带有改变抽样方案的规则，而抽样程序则包括选择适当的抽样方案或抽样计划的准则。

注：GB/T 2828的本部分是一个按批量范围、检验水平和AQL检索的抽样系统。在GB/T 15239—1994中给出关于LQ抽样方案的另一抽样系统。

3.1.20 正常检验 normal inspection

当过程平均（见3.1.25）优于接收质量限（见3.1.26）时抽样方案（见3.1.17）的一种使用法。此时抽样方案具有为保证生产方以高概率接收而设计的接收准则。

注：当没有理由怀疑过程平均（见3.1.25）不同于某一可接收水平时，进行正常检验。

3.1.21 加严检验 tightened inspection

具有比相应正常检验抽样方案接收准则更严厉的接收准则的抽样方案的一种使用法。

注：当预先规定的连续批数的检验结果表明过程平均（见 3.1.25）可能比接收质量限（见 3.1.26）低劣时，进行加严检验。

3.1.22 放宽检验 reduced inspection

具有样本量比相应正常检验抽样方案小，接收准则和正常检验抽样方案的接收准则相差不大的抽样方案的一种使用法。

注 1：放宽检验的鉴别能力小于正常检验。

注 2：当预先规定连续批数的检验结构表明过程平均（见 3.1.25）优于接收质量限（见 3.1.26）时，可进行放宽检验。

3.1.23 转移得分 switching score

在正常检验情况下，用于确定当前的检验结果是否足以允许转移到放宽检验的一种指示数。

3.1.24 接收得分 acceptance score

对于分数接收数抽样方案，用于确定批接收性的一种指示数。见 13.2.1.2。

3.1.25 过程平均 process average

在规定的时段或生产量内平均的过程水平。

注：在 GB/T 2828 的本部分中，过程平均是过程处于统计控制状态期间的质量水平（不合格品百分数或每百单位产品不合格数）。

3.1.26 接收质量限 acceptance quality limit（AQL）

当一个连续系列批被提交验收抽样时，可允许的最差过程平均质量水平。

注 1：仅当抽样计划具有如在 GB/T 2828 的本部分中使用的转移规则和暂停规则时使用此术语。

注 2：尽管具有质量与接收质量限同样差的批，也可能以较高的概率被接收，但所指定的接收质量限并不表示接收质量限就是所希望的质量水平。GB/T 2828 的本部分中的抽样计划及其转移规则和暂停抽样检验规则是为鼓励供方具有 AQL 一贯地好的过程平均而设计的。如果过程平均不比 AQL 一贯地好，就会有转移到加严检验，使接收准则变得更加苛刻的风险。一旦进行加严检验，必须采取改进行动对过程进行改进，不然可能导致暂停抽样检验。

3.1.27 使用方风险质量 consumer's risk quality

对抽样方案，相应于某一规定使用方风险的批质量水平或过程质量水平。

注：使用方风险通常规定为 10%。

3.1.28 极限质量 limiting quality

对一个被认为处于孤立状态的批，为了抽样检验，限制在某一低接收概率的质量水平。

3.2 符号和缩略语

GB/T 2828 的本部分使用的符号和缩略语如下：

Ac：接收数

AQL：接收质量限（以不合格品百分数或每百单位产品不合格数表示）

AOQ：平均检出质量（以不合格品百分数或每百单位产品不合格数表示）

AOQL：平均检出质量上限（以不合格品百分数或每百单位产品不合格数表示）

CRQ：使用方风险质量（以不合格品百分数或每百单位产品不合格数表示）

d：从批中抽取的样本中发现的不合格品数或不合格数

D：批中的不合格品数或不合格数

LQ：极限质量（以不合格品百分数或每百单位产品不合格数表示）

N：批量

n：样本量

p：过程平均

ps：接收概率为 x 的质量水平，此处 x 为一个分数

Pa：接收概率（以百分数表示）

Re：拒收数

注：符号n可以有下标，数字下标1到5分别表示第1个样本到第5个样本。一般n表示二次或多次抽样的第i个样本的样本量。

4 不合格的表示

4.1 总则

不合格的程度以不合格品百分数（见3.1.8和3.1.9）或每百单位产品不合格数（见3.1.10和3.1.11）表示。表7、表8和表10是基于假定不合格的出现是随机且统计独立的。如果已知产品的某个不合格可能由某一条件引起的，此条件还可能引起其他一些不合格，则应仅考虑该产品是否为合格品，而不管该产品有多少个不合格。

4.2 不合格的分类

因为大多数验收抽样涉及到一个以上的质量特性，同时因为它们在质量和（或）经济效果上的重要性可能不同，往往需要根据如3.1.5中定义的分类来划分不合格类型。类型的数目、不合格类的指定和给每类选择的AQL应适合特定场合的质量要求。

5 接收质量限（AQL）

5.1 用法和应用

GB/T 2828的本部分使用AQL和样本量字码（见10.2）检索所需要的抽样方案和抽样计划。

当为某个不合格或一组不合格指定一个规定的AQL值时，它表明如果质量水平（不合格品百分数或每百单位产品不合格数）不大于指定的AQL，抽样计划会接收绝大多数的提交批。所提供的抽样方案是这样安排的，对给定的AQL，在AQL处的接收概率依赖于样本量，一般，大样本的接收概率要高于小样本的接收概率。

AQL是抽样计划的一个参数，不应与描述制造过程操作水平的过程平均相混淆，在本抽样系统下，为避免过多的批被拒收，要求过程平均比AQL更好。

注意：指定AQL并不意味着供方有权故意供应任何不合格品。

5.2 AQL的规定

所使用的AQL应在合同中或由负责部门（或由负责部门按规定的惯例）指定。如在3.1.5中定义的那样，可以给不合格组或单个的不合格指定不同的AQL。不合格组的划分应适应特定组合的质量要求。

除了给单个的不合格指定AQL外，还可给不合格组指定AQL。当以不合格品百分数（3.1.8和3.1.9）表示质量水平时，AQL值应不超过10%不合格品。当以每百单位产品不合格数（见3.1.10和3.1.11）表示质量水平时，可使用的AQL值最高可达每百单位产品中有1000个不合格。

5.3 优先的AQL

表中给出的AQL值称为优先的AQL系列。对任何产品，如果指定的AQL不是这些数值中的某一个，则这些表不适用。

6 抽样产品的提交

6.1 批的组成

产品应汇集成可识别的批、子批或可交付的其他形式（见6.2）。就实用而言，每个批应由同型号、同等级、同类、同尺寸和同成分，在基本相同的时段和一致的条件下制造的产品组成。

6.2 批的提出

批的组成、批量及由供方提出和识别每个批的方式，应经负责部门指定或批准。必要时，供方应对每个批提供足够且合适的贮存场地，为正确识别和提出所需的设备，以及为抽取样本而运送产品的所有人员。

7 接收与不接收

7.1 批的可接收性

批的接收性应通过使用一个或多个抽样方案来确定。

当涉及采用本程序的结果时，用术语“不接收”来代替“拒收”。术语“拒收”仅保留当涉及使用方可能采取行动的场合，保留术语“拒收”，如“拒收数”。

7.2 不接收批的处置

负责部门应决定怎样处置不接收的批。这样的批可以报废，分选（替换或不替换不合格品），返工，针对更专门的适用准则再评定，或作为一种辅助信息保存。

7.3 不合格品

如果批已被接收，有权不接收在检验中发现的任何不合格品，而不管该产品是否构成样本的一部分。所发现的不合格品可以返工或以合格品代替。经负责部门批准，可按负责部门规定的方式再次提交检验。

7.4 不合格或不合格品的分类

对于两类或两类以上的不合格或不合格品的特别规定，要求使用一组抽样方案。通常，这组抽样方案有一个公共的样本量；但是，因各类具有不同的AQL，它们有不同的接收数，如表2、表3和表4所示。

7.5 对某些不合格类的特别保留条款

某些不合格类型可能极为重要。本条对这种指定的不合格类型专门规定了特殊条款。经负责部门同意，对这些指定的不合格类型有权保留检验提交的每个产品，并且只要发现一个这种类型的不合格有立即不接收该批的权利。同时有权对指定的不合格类，抽取供方提交的每个批，只要从一个批取出的样本中发现包含一个或一个以上这种类型的不合格就不接收任何批。

7.6 批的再提交

如果发现一个批是不可接收的，应立即通知所有各方。在所有产品被重新检测或重新试验，而且确信供方已剔除所有不合格品或以合格品代替，或者已校正所有的不合格品之前，这样的批不应再提交。

负责部门应确定再检验应使用正常检验还是加严检验，再检验是包含所有类型的不合格还是只包含最初造成不合格的个别类型。

8 样本的抽取

8.1 样本的抽选

应按简单随机抽样从批中抽取作为样本的产品。但是，当批由子批或（按某个合理的准则识别的）层组成时，应使用分层抽样。按此方式，各批或各层的样本量与子批或层的大小是成比例的。

8.2 抽取样本的时间

样本可在批生产出来以后或在批生产期间抽取，两种情形均应按8.1抽选样本。

8.3 二次或多次抽样

使用二次或多次抽样时，每个后继的样本应从同一批的剩余部分中抽选。

9 正常、加严和放宽检验

9.1 检验的开始

除非负责部门另有指示，开始检验时应采用正常检验。

9.2 检验的继续

除非转移程序（见9.3）要求改变检验的严格度，对接连的批，正常、加严或者放宽检验应继续不变。转移程序应分别地用于各类不合格或不合格品。

9.3 转移规则和程序

9.3.1 正常到加严

当正在采用正常检验时，只要初次检验中连续5批或少于5批中有2批是不可接收的，则转移到加严检验。本程序不考虑再提交批。

9.3.2 加严到正常

当正在采用加严检验时，如果初次检验的接连5批已被认为是可接收的，应恢复正常检验。

9.3.3 正常到放宽

9.3.3.1 总则

当正在采用正常检验时，如果下列各条件均满足。应转移到放宽检验：

a）当前的转移得分（见9.3.3.2）至少是30分；

b）生产稳定；

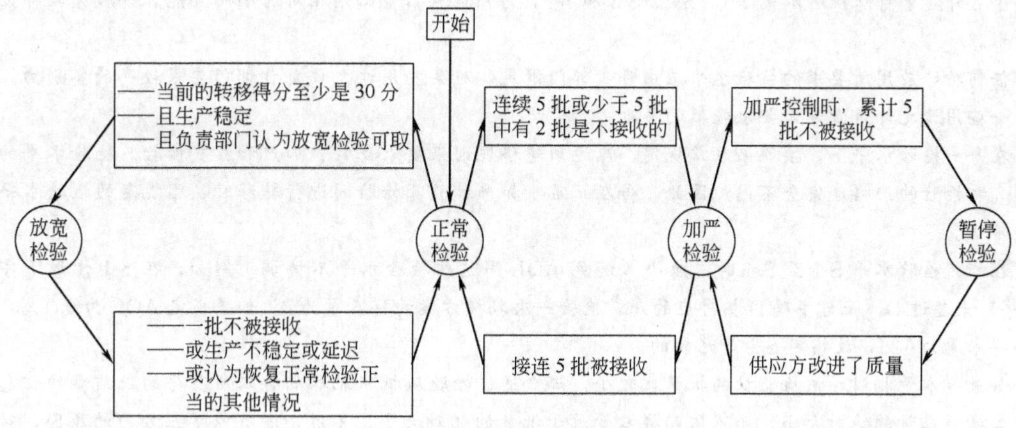

图1　转移规则简图

c）负责部门认为放宽检验可取。

9.3.3.2　转移得分

除非负责部门另有规定，在正常检验一开始就应计算转移得分。

在正常检验开始时，应将转移得分设定为0，而在检验每个后继的批以后应更新转移得分。

a）一次抽样方案

1）当接收数等于或大于2时，如果当AQL加严一级后该批被接收，则给转移得分加3分，否则将转移得分重新设定为0。

2）当接收数为0或1时，如果该批被接收，则给转移得分加2分；否则将转移得分重新设定为0。

b）二次和多次抽样

1）当使用二次抽样方案时，如果该批在检验第一样本后被接收，给转移得分加3分；否则将转移得分重新设定为0。

2）当使用多次抽样方案时，如果该批在检验第一样本或第二样本后被接收，则给转移得分加3分，否则将转移得分重新设定为0。

注：在附录A中举例说明了转移得分的用法。

9.3.4　放宽到正常

当正在执行放宽检验时，如果初次检验出现下列任一情况，应恢复正常检验。

a）一个批未被接收；

b）生产不稳定或延迟；

c）认为恢复正常检验是正当的其他情况。

9.4　暂停检验

如果在初次加严检验的一系列连续批中未接收批的累计数达到5批，应暂时停止检验，直到供方为改进所提供产品或服务的质量已采取行动，而且负责部门承认此行动可能有效时，才能恢复GB/T 2828本部分的检验程序。恢复检验应按9.3.1那样，从使用加严检验开始。

9.5　跳批抽样

当满足GB/T 13263—1991的要求时，可用跳批抽样代替GB/T 2828本部分的逐批检验。

注：使用GB/T 13263—1991的跳批程序代替GB/T 2828的本部分的放宽检验是有限制的，某些AQL值和检验水平不能使用。

10　抽样方案

10.1　检验水平

检验水平标志着检验量。对于一般的使用，在表1中给出了Ⅰ、Ⅱ和Ⅲ等3个检验水平。除非另有规定，应使用Ⅱ水平。当要求鉴别力较低时可使用Ⅰ水平，当要求鉴别力较高时可使用Ⅲ水平。在表1中还给出了另外4个特殊检验水平S-1、S-2、S-3和S-4，可用于样本量必须相对的小而且能容许较大抽样风险的情形。

任何特殊应用所要求的检验水平应由负责部门规定。对某些用途允许负责部门要求较高的鉴别力，而对另一些用途允许负责部门要求较低的鉴别力。

在每一检验水平下，按照第9章规定，应运用转移规则来要求正常、加严和放宽检验。检验水平的选择与3种检验的严格度完全不同。因此，当在正常、加严和放宽检验间进行转移时，已规定的检验水平应保持不变。

在指定检验水平S-1至S-4时，应小心避免AQL同这些检验水平不协调。例如，在S-1情形下字码(顺序)未超过D，而与字码D相对应的正常检验一次抽样方案的样本量为8，如果规定AQL为0.1%，其最小样本量为125，故指定S-1是无效的。

如果样本量相对于被检验批的批量比较小，那么通过检验从批中抽取的样本所获得的批质量的信息量仅依赖于样本量的绝对大小，而不依赖样本量对于批量的相对大小。不过，还有以下三方面的原因，对不同的批量需要考虑不同的样本量：

a）当错误判定造成的损失很大时，作出正确判定更为重要；

b）对大批能负担得起的样本量，对小批可能是不经济的；

c）如果样本占批的比例太小，真正做到随机抽样比较困难。

10.2 样本量字码

样本量由样本量字码确定。对特定的批量和规定的检验水平使用表1查找适用的字码。

注：为节省表的篇幅或避免正文中不必要的重复，样本量字码有时简称为“字码”。

表1 样本量字码（见10.1和10.2）

批量	特殊检验水平				一般检验水平		
	S-1	S-2	S-3	S-4	Ⅰ	Ⅱ	Ⅲ
2～8	A	A	A	A	A	A	B
9～15	A	A	A	A	A	B	C
16～25	A	A	B	B	B	C	D
26～50	A	B	B	C	C	D	E
51～90	B	B	C	C	C	E	F
91～150	B	B	C	D	D	F	G
151～280	B	C	D	E	E	G	H
281～500	B	C	D	E	F	H	J
501～1200	C	C	E	F	G	J	K
1201～3200	C	D	E	G	H	K	L
3201～10000	C	D	F	G	J	L	M
10001～35000	C	D	F	H	K	M	N
35001～150000	D	E	G	J	L	N	P
150001～500000	D	E	G	J	M	P	Q
500001及其以上	D	E	H	K	N	Q	R

10.3　抽样方案的查取

应使用 AQL 和样本量字码从抽样方案表（表 2、表 3、表 4 或表 11）中查取抽样方案。对于一个规定的 AQL 和一个给定的批量，应使用 AQL 和样本量字码的同一组合，从正常、加严和放宽检验表查取抽样方案。

注：检索方法：由 10.2 得到的样本量字码后，在抽样方案表中由该字码所在行向右，在样本量栏内读出样本量 n，再以样本量字码所在行和指定的接收质量限所在列相交处，读出接收数 Ac 和拒收数 Re，若在相交处是箭头，则沿着箭头方向读出箭头所指的第一个接收数 Ac 和拒收数 Re，然后由此接收数和拒收数所在行向左，在样本量栏内读出相应的样本量 n。

对于一组给定的 AQL 和样本量字码，如无相应的抽样方案可用时，这些抽样方案表明应使用一个不同的字码，此时应按新的样本量字码而不是按原来的样本量字码确定所应使用的样本量。如果对不同类别的不合格品或不合格该程序导致不同的样本量，经负责部门指定或批准，所有类别的不合格品或不合格均可使用所得到的最大样本量相应的样本量字码。经负责部门指定或批准，对某一指定的 AQL，可使用样本量较大、接收数为 1 的一次抽样方案来代替接收数为 0 的一次抽样方案。另外一种选择是经负责部门指定或批准时，可采用第 13 章说明的分数接收数方案。

10.4　抽样方案的类型

表 2、表 3 和表 4 分别给出一次、二次和多次三种类型的抽样方案。对于给定的 AQL 和样本量字码，如果有几种不同类型的抽样方案时，可以使用其中任一种。对于给定的 AQL　和样本量字码，如果有一次、二次和多次抽样方案可采用时，通常应通过比较这些方案的平均样本量与管理上难易程度来决定使用哪一种方案。对 GB/T 2828 的本部分给出的抽样方案，多次抽样方案的平均样本量小于二次抽样方案，而二次和多次抽样方案的平均样本量均小于一次抽样方案的样本量（见表 9）。通常，一次抽样的管理难度和每个产品的抽样费用均低于二次和多次抽样方案。

11　可接收性的确定

11.1　对不合格品的检验

在不合格百分数检验的情形下，为确定批的可接收性，根据 11.1.1 至 11.1.3 应使用合适的抽样方案。

11.1.1　一次抽样方案（整数接收数）

检验的样品数量应等于方案给出的样本量。如果样本中发现的不合格品数小于或等于接收数，应认为该批是可接收的。如果样本中发现的不合格品数大于或等于拒收数，应认为该批是不可接收的。

11.1.2　二次抽样方案

第一次检验的样品数量应等于该方案给出的第一样本量。如果第一样本中发现的不合格品数小于或等于第一接收数，应认为该批是可接收的；如果第一样本中发现的不合格品数大于或等于第一拒收数，应认为该批是不可接收的。

如果第一样本中发现的不合格品数介于第一接收数与第一拒收数之间，应检验由方案给出样本量的第二样本并累计在第一样本和第二样本中发现的不合格品数。如果不合格品累计数小于或等于第二接收数，则判定批是可接收的；如果不合格品累计数大于或等于第二拒收数，则判定该批是不可接收的。

11.1.3　多次抽样方案

多次抽样方案的程序类似于在 11.1.2 中规定的程序。GB/T 2828 的本部分的多次抽样方案为五次抽样方案，最迟在检验第五样本后作出是否接收的判定。

11.2　对不合格的检验

在每百单位产品不合格数检验的情形下，为判定批的接收性，使用不合格品检验所规定的程序（见 11.1），只不过以术语“不合格”取“不合格品”。

12　进一步的信息　（略）

表 2-A　正常检验一次抽样方案（主表）

样本量字码	样本量	接收质量限(AQL) 0.010	0.015	0.025	0.040	0.065	0.10	0.15	0.25	0.40	0.65	1.0	1.5	2.5	4.0	6.5	10	15	25	40	65	100	150	250	400	650	1000
		Ac Re	Ac Re	Ac Re	Ac Re	Ac Re	Ac Re	Ac Re	Ac Re	Ac Re	Ac Re	Ac Re	Ac Re	Ac Re	Ac Re	Ac Re	Ac Re	Ac Re	Ac Re	Ac Re	Ac Re	Ac Re	Ac Re	Ac Re	Ac Re	Ac Re	Ac Re
A	2	↓	↓	↓	↓	↓	↓	↓	↓	↓	↓	↓	↓	↓	↓	0 1	↓	↓	1 2	2 3	3 4	5 6	7 8	10 11	14 15	21 22	30 31
B	3	↓	↓	↓	↓	↓	↓	↓	↓	↓	↓	↓	↓	↓	0 1	↑	↓	1 2	2 3	3 4	5 6	7 8	10 11	14 15	21 22	30 31	44 45
C	5	↓	↓	↓	↓	↓	↓	↓	↓	↓	↓	↓	↓	0 1	↑	↓	1 2	2 3	3 4	5 6	7 8	10 11	14 15	21 22	30 31	44 45	↑
D	8	↓	↓	↓	↓	↓	↓	↓	↓	↓	↓	↓	0 1	↑	↓	1 2	2 3	3 4	5 6	7 8	10 11	14 15	21 22	30 31	44 45	↑	↑
E	13	↓	↓	↓	↓	↓	↓	↓	↓	↓	↓	0 1	↑	↓	1 2	2 3	3 4	5 6	7 8	10 11	14 15	21 22	30 31	44 45	↑	↑	↑
F	20	↓	↓	↓	↓	↓	↓	↓	↓	↓	0 1	↑	↓	1 2	2 3	3 4	5 6	7 8	10 11	14 15	21 22	↑	↑	↑	↑	↑	↑
G	32	↓	↓	↓	↓	↓	↓	↓	↓	0 1	↑	↓	1 2	2 3	3 4	5 6	7 8	10 11	14 15	21 22	↑	↑	↑	↑	↑	↑	↑
H	50	↓	↓	↓	↓	↓	↓	↓	0 1	↑	↓	1 2	2 3	3 4	5 6	7 8	10 11	14 15	21 22	↑	↑	↑	↑	↑	↑	↑	↑
J	80	↓	↓	↓	↓	↓	↓	0 1	↑	↓	1 2	2 3	3 4	5 6	7 8	10 11	14 15	21 22	↑	↑	↑	↑	↑	↑	↑	↑	↑
K	125	↓	↓	↓	↓	↓	0 1	↑	↓	1 2	2 3	3 4	5 6	7 8	10 11	14 15	21 22	↑	↑	↑	↑	↑	↑	↑	↑	↑	↑
L	200	↓	↓	↓	↓	0 1	↑	↓	1 2	2 3	3 4	5 6	7 8	10 11	14 15	21 22	↑	↑	↑	↑	↑	↑	↑	↑	↑	↑	↑
M	315	↓	↓	↓	0 1	↑	↓	1 2	2 3	3 4	5 6	7 8	10 11	14 15	21 22	↑	↑	↑	↑	↑	↑	↑	↑	↑	↑	↑	↑
N	500	↓	↓	0 1	↑	↓	1 2	2 3	3 4	5 6	7 8	10 11	14 15	21 22	↑	↑	↑	↑	↑	↑	↑	↑	↑	↑	↑	↑	↑
P	800	↓	0 1	↑	↓	1 2	2 3	3 4	5 6	7 8	10 11	14 15	21 22	↑	↑	↑	↑	↑	↑	↑	↑	↑	↑	↑	↑	↑	↑
Q	1250	0 1	↑	↓	1 2	2 3	3 4	5 6	7 8	10 11	14 15	21 22	↑	↑	↑	↑	↑	↑	↑	↑	↑	↑	↑	↑	↑	↑	↑
R	2000	↑	↑	1 2	2 3	3 4	5 6	7 8	10 11	14 15	21 22	↑	↑	↑	↑	↑	↑	↑	↑	↑	↑	↑	↑	↑	↑	↑	↑

⇩——使用箭头下面的第一个抽样方案，如果样本量等于或超过批量，则执行100%检验。

⇧——使用箭头上面的第一个抽样方案。

Ac——接收数。

Re——拒收数。

表 2-B 加严检验一次抽样方案（主表）

样本量字码	样本量	0.010	0.015	0.025	0.040	0.065	0.10	0.15	0.25	0.40	0.65	1.0	1.5	2.5	4.0	6.5	10	15	25	40	65	100	150	250	400	650	1000
		Ac Re	Ac Re	Ac Re	Ac Re	Ac Re	Ac Re	Ac Re	Ac Re	Ac Re	Ac Re	Ac Re	Ac Re	Ac Re	Ac Re	Ac Re	Ac Re	Ac Re	Ac Re	Ac Re	Ac Re	Ac Re	Ac Re	Ac Re	Ac Re	Ac Re	Ac Re
A	2	↓	↓	↓	↓	↓	↓	↓	↓	↓	↓	↓	↓	↓	↓	↓	0 1	↓	↓	1 2	2 3	3 4	5 6	8 9	12 13	18 19	27 28
B	3	↓	↓	↓	↓	↓	↓	↓	↓	↓	↓	↓	↓	↓	↓	0 1	↓	↓	1 2	2 3	3 4	5 6	8 9	12 13	18 19	27 28	41 42
C	5	↓	↓	↓	↓	↓	↓	↓	↓	↓	↓	↓	↓	↓	0 1	↓	↓	1 2	2 3	3 4	5 6	8 9	12 13	18 19	27 28	41 42	↑
D	8	↓	↓	↓	↓	↓	↓	↓	↓	↓	↓	↓	↓	0 1	↓	↓	1 2	2 3	3 4	5 6	8 9	12 13	18 19	27 28	41 42	↑	↑
E	13	↓	↓	↓	↓	↓	↓	↓	↓	↓	↓	↓	0 1	↓	↓	1 2	2 3	3 4	5 6	8 9	12 13	18 19	27 28	41 42	↑	↑	↑
F	20	↓	↓	↓	↓	↓	↓	↓	↓	↓	↓	0 1	↓	↓	1 2	2 3	3 4	5 6	8 9	12 13	18 19	↑	↑	↑	↑	↑	↑
G	32	↓	↓	↓	↓	↓	↓	↓	↓	↓	0 1	↓	↓	1 2	2 3	3 4	5 6	8 9	12 13	18 19	↑	↑	↑	↑	↑	↑	↑
H	50	↓	↓	↓	↓	↓	↓	↓	↓	0 1	↓	↓	1 2	2 3	3 4	5 6	8 9	12 13	18 19	↑	↑	↑	↑	↑	↑	↑	↑
J	80	↓	↓	↓	↓	↓	↓	↓	0 1	↓	↓	1 2	2 3	3 4	5 6	8 9	12 13	18 19	↑	↑	↑	↑	↑	↑	↑	↑	↑
K	125	↓	↓	↓	↓	↓	↓	0 1	↓	↓	1 2	2 3	3 4	5 6	8 9	12 13	18 19	↑	↑	↑	↑	↑	↑	↑	↑	↑	↑
L	200	↓	↓	↓	↓	↓	0 1	↓	↓	1 2	2 3	3 4	5 6	8 9	12 13	18 19	↑	↑	↑	↑	↑	↑	↑	↑	↑	↑	↑
M	315	↓	↓	↓	↓	0 1	↓	↓	1 2	2 3	3 4	5 6	8 9	12 13	18 19	↑	↑	↑	↑	↑	↑	↑	↑	↑	↑	↑	↑
N	500	↓	↓	↓	0 1	↓	↓	1 2	2 3	3 4	5 6	8 9	12 13	18 19	↑	↑	↑	↑	↑	↑	↑	↑	↑	↑	↑	↑	↑
P	800	↓	↓	0 1	↓	↓	1 2	2 3	3 4	5 6	8 9	12 13	18 19	↑	↑	↑	↑	↑	↑	↑	↑	↑	↑	↑	↑	↑	↑
Q	1250	↓	0 1	↓	↓	1 2	2 3	3 4	5 6	8 9	12 13	18 19	↑	↑	↑	↑	↑	↑	↑	↑	↑	↑	↑	↑	↑	↑	↑
R	2000	0 1	↑	↓	1 2	2 3	3 4	5 6	8 9	12 13	18 19	↑	↑	↑	↑	↑	↑	↑	↑	↑	↑	↑	↑	↑	↑	↑	↑
S	3150			1 2																							

⇩——使用箭头下面的第一个抽样方案，如果样本量等于或超过批量，则执行100%检验。

⇧——使用箭头上面的第一个抽样方案。

Ac——接收数。

Re——拒收数。

表 2-C 放宽检验一次抽样方案（主表）

样本量字码	样本量	0.010	0.015	0.025	0.040	0.065	0.10	0.15	0.25	0.40	0.65	1.0	1.5	2.5	4.0	6.5	10	15	25	40	65	100	150	250	400	650	1000
		Ac Re	Ac Re	Ac Re	Ac Re	Ac Re	Ac Re	Ac Re	Ac Re	Ac Re	Ac Re	Ac Re	Ac Re	Ac Re	Ac Re	Ac Re	Ac Re	Ac Re	Ac Re	Ac Re	Ac Re	Ac Re	Ac Re	Ac Re	Ac Re	Ac Re	Ac Re
A	2	↓	↓	↓	↓	↓	↓	↓	↓	↓	↓	↓	↓	↓	↓	0 1	↓	↓	1 2	2 3	3 4	5 6	7 8	10 11	14 15	21 22	30 31
B	2	↓	↓	↓	↓	↓	↓	↓	↓	↓	↓	↓	↓	↓	0 1	↑	↓	↓	1 2	2 3	3 4	5 6	7 8	10 11	14 15	21 22	30 31
C	2	↓	↓	↓	↓	↓	↓	↓	↓	↓	↓	↓	↓	0 1	↑	↓	↓	1 2	2 3	3 4	5 6	6 7	8 9	10 11	14 15	21 22	↑
D	3	↓	↓	↓	↓	↓	↓	↓	↓	↓	↓	↓	0 1	↑	↓	↓	1 2	2 3	3 4	5 6	6 7	8 9	10 11	14 15	21 22	↑	↑
E	5	↓	↓	↓	↓	↓	↓	↓	↓	↓	↓	0 1	↑	↓	↓	1 2	2 3	3 4	5 6	6 7	8 9	10 11	14 15	21 22	↑	↑	↑
F	8	↓	↓	↓	↓	↓	↓	↓	↓	↓	0 1	↑	↓	↓	1 2	2 3	3 4	5 6	6 7	8 9	10 11	↑	↑	↑	↑	↑	↑
G	13	↓	↓	↓	↓	↓	↓	↓	↓	0 1	↑	↓	↓	1 2	2 3	3 4	5 6	6 7	8 9	10 11	↑	↑	↑	↑	↑	↑	↑
H	20	↓	↓	↓	↓	↓	↓	↓	0 1	↑	↓	↓	1 2	2 3	3 4	5 6	6 7	8 9	10 11	↑	↑	↑	↑	↑	↑	↑	↑
J	32	↓	↓	↓	↓	↓	↓	0 1	↑	↓	↓	1 2	2 3	3 4	5 6	6 7	8 9	10 11	↑	↑	↑	↑	↑	↑	↑	↑	↑
K	50	↓	↓	↓	↓	↓	0 1	↑	↓	↓	1 2	2 3	3 4	5 6	6 7	8 9	10 11	↑	↑	↑	↑	↑	↑	↑	↑	↑	↑
L	80	↓	↓	↓	↓	0 1	↑	↓	↓	1 2	2 3	3 4	5 6	6 7	8 9	10 11	↑	↑	↑	↑	↑	↑	↑	↑	↑	↑	↑
M	125	↓	↓	↓	0 1	↑	↓	↓	1 2	2 3	3 4	5 6	6 7	8 9	10 11	↑	↑	↑	↑	↑	↑	↑	↑	↑	↑	↑	↑
N	200	↓	↓	0 1	↑	↓	↓	1 2	2 3	3 4	5 6	6 7	8 9	10 11	↑	↑	↑	↑	↑	↑	↑	↑	↑	↑	↑	↑	↑
P	315	↓	0 1	↑	↓	↓	1 2	2 3	3 4	5 6	6 7	8 9	10 11	↑	↑	↑	↑	↑	↑	↑	↑	↑	↑	↑	↑	↑	↑
Q	500	0 1	↑	↑	↓	1 2	2 3	3 4	5 6	6 7	8 9	10 11	↑	↑	↑	↑	↑	↑	↑	↑	↑	↑	↑	↑	↑	↑	↑
R	800	↑	↑	↑	1 2	2 3	3 4	5 6	6 7	8 9	10 11	↑	↑	↑	↑	↑	↑	↑	↑	↑	↑	↑	↑	↑	↑	↑	↑

接收质量限(AQL)

↓——使用箭头下面的第一个抽样方案，如果样本量等于或超过批量，则执行100%检验。

↑——使用箭头上面的第一个抽样方案。

Ac——接收数。

Re——拒收数。

表 3-A　正常检验二次抽样方案（主表）

样本量字码	样本	样本量	累计样本量	接收质量限(AQL) 0.010	0.015	0.025	0.040	0.065	0.10	0.15	0.25	0.40	0.65	1.0	1.5	2.5	4.0	6.5	10	15	25	40	65	100	150	250	400	650	1000
				Ac Re	Ac Re	Ac Re	Ac Re	Ac Re	Ac Re	Ac Re	Ac Re	Ac Re	Ac Re	Ac Re	Ac Re	Ac Re	Ac Re	Ac Re	Ac Re	Ac Re	Ac Re	Ac Re	Ac Re	Ac Re	Ac Re	Ac Re	Ac Re	Ac Re	Ac Re
A				↓	↓	↓	↓	↓	↓	↓	↓	↓	↓	↓	↓	↓	↓	*	↓	↓	*	*	*	*	*	*	*	*	*
B	第一 第二	2 2	2 4	↓	↓	↓	↓	↓	↓	↓	↓	↓	↓	↓	↓	↓	*	↑	↓	0 2 1 2	0 3 3 4	1 3 4 5	2 5 6 7	3 6 9 10	5 9 12 13	7 11 18 19	11 16 26 27	17 22 37 38	25 31 56 57
C	第一 第二	3 3	3 6	↓	↓	↓	↓	↓	↓	↓	↓	↓	↓	↓	↓	*	↑	↓	0 2 1 2	0 3 3 4	1 3 4 5	2 5 6 7	3 6 9 10	5 9 12 13	7 11 18 19	11 16 26 27	17 22 37 38	25 31 56 57	↑
D	第一 第二	5 5	5 10	↓	↓	↓	↓	↓	↓	↓	↓	↓	↓	↓	*	↑	↓	0 2 1 2	0 3 3 4	1 3 4 5	2 5 6 7	3 6 9 10	5 9 12 13	7 11 18 19	11 16 26 27	17 22 37 38	25 31 56 57	↑	↑
E	第一 第二	8 8	8 16	↓	↓	↓	↓	↓	↓	↓	↓	↓	↓	*	↑	↓	0 2 1 2	0 3 3 4	1 3 4 5	2 5 6 7	3 6 9 10	5 9 12 13	7 11 18 19	11 16 26 27	17 22 37 38	25 31 56 57	↑	↑	↑
F	第一 第二	13 13	13 26	↓	↓	↓	↓	↓	↓	↓	↓	↓	*	↑	↓	0 2 1 2	0 3 3 4	1 3 4 5	2 5 6 7	3 6 9 10	5 9 12 13	7 11 18 19	11 16 26 27	↑	↑	↑	↑	↑	↑
G	第一 第二	20 20	20 40	↓	↓	↓	↓	↓	↓	↓	↓	*	↑	↓	0 2 1 2	0 3 3 4	1 3 4 5	2 5 6 7	3 6 9 10	5 9 12 13	7 11 18 19	11 16 26 27	↑	↑	↑	↑	↑	↑	↑
H	第一 第二	32 32	32 64	↓	↓	↓	↓	↓	↓	↓	*	↑	↓	0 2 1 2	0 3 3 4	1 3 4 5	2 5 6 7	3 6 9 10	5 9 12 13	7 11 18 19	11 16 26 27	↑	↑	↑	↑	↑	↑	↑	↑
J	第一 第二	50 50	50 100	↓	↓	↓	↓	↓	↓	*	↑	↓	0 2 1 2	0 3 3 4	1 3 4 5	2 5 6 7	3 6 9 10	5 9 12 13	7 11 18 19	11 16 26 27	↑	↑	↑	↑	↑	↑	↑	↑	↑
K	第一 第二	80 80	80 160	↓	↓	↓	↓	↓	*	↑	↓	0 2 1 2	0 3 3 4	1 3 4 5	2 5 6 7	3 6 9 10	5 9 12 13	7 11 18 19	11 16 26 27	↑	↑	↑	↑	↑	↑	↑	↑	↑	↑
L	第一 第二	125 125	125 250	↓	↓	↓	↓	*	↑	↓	0 2 1 2	0 3 3 4	1 3 4 5	2 5 6 7	3 6 9 10	5 9 12 13	7 11 18 19	11 16 26 27	↑	↑	↑	↑	↑	↑	↑	↑	↑	↑	↑
M	第一 第二	200 200	200 400	↓	↓	↓	*	↑	↓	0 2 1 2	0 3 3 4	1 3 4 5	2 5 6 7	3 6 9 10	5 9 12 13	7 11 18 19	11 16 26 27	↑	↑	↑	↑	↑	↑	↑	↑	↑	↑	↑	↑
N	第一 第二	315 315	315 630	↓	↓	*	↑	↓	0 2 1 2	0 3 3 4	1 3 4 5	2 5 6 7	3 6 9 10	5 9 12 13	7 11 18 19	11 16 26 27	↑	↑	↑	↑	↑	↑	↑	↑	↑	↑	↑	↑	↑
P	第一 第二	500 500	500 1000	↓	*	↑	↓	0 2 1 2	0 3 3 4	1 3 4 5	2 5 6 7	3 6 9 10	5 9 12 13	7 11 18 19	11 16 26 27	↑	↑	↑	↑	↑	↑	↑	↑	↑	↑	↑	↑	↑	↑
Q	第一 第二	800 800	800 1600	*	↑	↓	0 2 1 2	0 3 3 4	1 3 4 5	2 5 6 7	3 6 9 10	5 9 12 13	7 11 18 19	11 16 26 27	↑	↑	↑	↑	↑	↑	↑	↑	↑	↑	↑	↑	↑	↑	↑
R	第一 第二	1250 1250	1250 2500	↑	↑	0 2 1 2	0 3 3 4	1 3 4 5	2 5 6 7	3 6 9 10	5 9 12 13	7 11 18 19	11 16 26 27	↑	↑	↑	↑	↑	↑	↑	↑	↑	↑	↑	↑	↑	↑	↑	↑

⇩——使用箭头下面的第一个抽样方案，如果样本量等于或超过批量，则执行100%检验。

⇧——使用箭头上面的第一个抽样方案。

Ac——接收数。

Re——拒收数。

* ——使用对应的一次抽样方案(或者使用下面适用的二次抽样方案)。

表 3-B 加严检验二次抽样方案（主表）

样本量字码	样本	样本量	累计样本量	接收质量限(AQL)																									
				0.010	0.015	0.025	0.040	0.065	0.10	0.15	0.25	0.40	0.65	1.0	1.5	2.5	4.0	6.5	10	15	25	40	65	100	150	250	400	650	1000
				Ac Re	Ac Re	Ac Re	Ac Re	Ac Re	Ac Re	Ac Re	Ac Re	Ac Re	Ac Re	Ac Re	Ac Re	Ac Re	Ac Re	Ac Re	Ac Re	Ac Re	Ac Re	Ac Re	Ac Re	Ac Re	Ac Re	Ac Re	Ac Re	Ac Re	Ac Re
A				↓	↓	↓	↓	↓	↓	↓	↓	↓	↓	↓	↓	↓	↓	↓	↓	↓	↓	*	*	*	*	*	*	*	*
B	第一 第二	2 2	2 4	↓	↓	↓	↓	↓	↓	↓	↓	↓	↓	↓	↓	↓	↓	*	↓	↓	0 2 1 2	0 3 3 4	1 3 4 5	2 5 6 7	4 7 10 11	6 10 15 16	9 14 23 24	15 20 34 35	23 29 52 53
C	第一 第二	3 3	3 6	↓	↓	↓	↓	↓	↓	↓	↓	↓	↓	↓	↓	↓	*	↓	↓	0 2 1 2	0 3 3 4	1 3 4 5	2 5 6 7	4 7 10 11	6 10 15 16	9 14 23 24	15 20 34 35	23 29 52 53	↑
D	第一 第二	5 5	5 10	↓	↓	↓	↓	↓	↓	↓	↓	↓	↓	↓	↓	*	↓	↓	0 2 1 2	0 3 3 4	1 3 4 5	2 5 6 7	4 7 10 11	6 10 15 16	9 14 23 24	15 20 34 35	23 29 52 53	↑	↑
E	第一 第二	8 8	8 16	↓	↓	↓	↓	↓	↓	↓	↓	↓	↓	↓	*	↓	↓	0 2 1 2	0 3 3 4	1 3 4 5	2 5 6 7	4 7 10 11	6 10 15 16	9 14 23 24	15 20 34 35	23 29 52 53	↑	↑	↑
F	第一 第二	13 13	13 26	↓	↓	↓	↓	↓	↓	↓	↓	↓	↓	*	↓	↓	0 2 1 2	0 3 3 4	1 3 4 5	2 5 6 7	4 7 10 11	6 10 15 16	9 14 23 24	↑	↑	↑	↑	↑	↑
G	第一 第二	20 20	20 40	↓	↓	↓	↓	↓	↓	↓	↓	↓	*	↓	↓	0 2 1 2	0 3 3 4	1 3 4 5	2 5 6 7	4 7 10 11	6 10 15 16	9 14 23 24	↑	↑	↑	↑	↑	↑	↑
H	第一 第二	32 32	32 64	↓	↓	↓	↓	↓	↓	↓	↓	*	↓	↓	0 2 1 2	0 3 3 4	1 3 4 5	2 5 6 7	4 7 10 11	6 10 15 16	9 14 23 24	↑	↑	↑	↑	↑	↑	↑	↑
J	第一 第二	50 50	50 100	↓	↓	↓	↓	↓	↓	↓	*	↓	↓	0 2 1 2	0 3 3 4	1 3 4 5	2 5 6 7	4 7 10 11	6 10 15 16	9 14 23 24	↑	↑	↑	↑	↑	↑	↑	↑	↑
K	第一 第二	80 80	80 160	↓	↓	↓	↓	↓	↓	*	↓	↓	0 2 1 2	0 3 3 4	1 3 4 5	2 5 6 7	4 7 10 11	6 10 15 16	9 14 23 24	↑	↑	↑	↑	↑	↑	↑	↑	↑	↑
L	第一 第二	125 125	125 250	↓	↓	↓	↓	↓	*	↓	↓	0 2 1 2	0 3 3 4	1 3 4 5	2 5 6 7	4 7 10 11	6 10 15 16	9 14 23 24	↑	↑	↑	↑	↑	↑	↑	↑	↑	↑	↑
M	第一 第二	200 200	200 400	↓	↓	↓	↓	*	↓	↓	0 2 1 2	0 3 3 4	1 3 4 5	2 5 6 7	4 7 10 11	6 10 15 16	9 14 23 24	↑	↑	↑	↑	↑	↑	↑	↑	↑	↑	↑	↑
N	第一 第二	315 315	315 630	↓	↓	↓	*	↓	↓	0 2 1 2	0 3 3 4	1 3 4 5	2 5 6 7	4 7 10 11	6 10 15 16	9 14 23 24	↑	↑	↑	↑	↑	↑	↑	↑	↑	↑	↑	↑	↑
P	第一 第二	500 500	500 1000	↓	↓	*	↓	↓	0 2 1 2	0 3 3 4	1 3 4 5	2 5 6 7	4 7 10 11	6 10 15 16	9 14 23 24	↑	↑	↑	↑	↑	↑	↑	↑	↑	↑	↑	↑	↑	↑
Q	第一 第二	800 800	800 1600	↓	*	↓	↓	0 2 1 2	0 3 3 4	1 3 4 5	2 5 6 7	4 7 10 11	6 10 15 16	9 14 23 24	↑	↑	↑	↑	↑	↑	↑	↑	↑	↑	↑	↑	↑	↑	↑
R	第一 第二	1250 1250	1250 2500	*	↑	↓	0 2 1 2	0 3 3 4	1 3 4 5	2 5 6 7	4 7 10 11	6 10 15 16	9 14 23 24	↑	↑	↑	↑	↑	↑	↑	↑	↑	↑	↑	↑	↑	↑	↑	↑
S	第一 第二	2000 2000	2000 4000			0 2 1 2																							

⇩——使用箭头下面的第一个抽样方案，如果样本量等于或超过批量，则执行100%检验。

⇧——使用箭头上面的第一个抽样方案。

Ac——接收数。

Re——拒收数。

* ——使用对应的一次抽样方案(或者使用下面适用的二次抽样方案)。

（2）标准的相关内容解读　GB/T 2828.1—2003 对抽样检验中涉及的基本概念（名词）均作了标准注解，如检验、初次检验、计数检验、单位产品、不合格及其类型（A 类、B 类）、不合格品、样本不合格品百分数及其计算、总体或批不合格品百分数、样本每百单位产品不合格数、总体或批每百单位产品不合格数、批、批量、样本、样本量、抽样方案、抽样系统、正常检验、加严检验、放宽检验、转移得分、接收得分、接收质量限等。本标准也对相关符号和缩略语作了注解，如 *Ac*、AQL、AOQ、AOQL、CRQ、*d*、*D*、LQ、*N*、*n*、p、ps、Pa、*Re* 等，本标准对不合格的表示、不合格的分类、接收质量限（AQL）的应用和规定、批的组成、接收与不接收、不接收批的处置、样本的抽取、正常和加严以及放宽检验、抽样方案及其确定等均作出了明确规范，认真研习 GB/T 2828.1—2003 将有助于正确理解相关概念和正确应用 GB/T 2828.1—2003。

2.1.2.3　根据国标确定抽样方案

实施程序（一般应按以下程序进行）：抽样方案的构成记为：[*N*，*n*，*Ac*]，*N* 为提交检验批的批量，*n* 为组成检验样本的样本量，*Ac* 为接收判定数。若在样本 *n* 中有 *d* 个不合格品，则作如下判断：当 $d \leqslant Ac$ 时判批接收，当 $d > Ac$ 时判批拒收。

由于统计抽样检验的判定结果与交验批批量 *N* 无显著关系，所以一次抽样检验方案也可记为 [*n*，*Ac*]。

（1）明确产品质量标准　产品质量标准，就是对产品质量的具体要求，即明确区分单位产品合格不合格或每个质量特性构成不合格的标准。

产品质量标准可以根据国家或行业标准确定，如，根据 QB/T 1645—2004 中洗面奶指标限值 Hg≤1mg/kg。若洗面奶中 Hg>1mg/kg，则该单项指标不合格。

（2）确定批量（*N*）　*N* 并非是指批量的大小，而是强调构成检验批的单位产品应当是在相同生产条件下所生产的，其目的在于保证批内产品质量具有较好的均匀性，以免加大抽样检验的判断误差。

当然，若生产方能够保证批量较小的不同批之间，其质量水平无显著差异时，也允许并批交验。但应考虑抽样检验方法具有两类风险，批量过大时一旦退批，给生产方造成的损失很大。

（3）规定检验水平 IL　一般分三级：Ⅰ、Ⅱ、Ⅲ，判断能力为：Ⅲ>Ⅱ>Ⅰ。用来决定批量与样本量之间关系的等级。检验水平越高，抽样检验的样本量比例越大，所以判断能力越强。没有特别规定时，通常采用一般检查水平Ⅱ。

（4）规定接收质量限（AQL）　即认为可以接受的连续提交检查批的过程平均上限值（百件产品中的不合格品数）。

参照表 2-2、表 2-3、表 2-4、表 2-5。

表 2-2　轻、重不合格品与 AQL 值的参考值

轻不合格品		重不合格品	
检验项目数	AQL/%	检验项目数	AQL/%
1	0.65	1～2	0.25
2	1.0	3～4	0.40
3～4	1.5	5～7	0.65
5～7	2.5	8～11	1.0
8～18	4.0	12～19	1.5
19 以上	6.5	20～48	2.5
		49 以上	4.0

表 2-3　不合格品种类与 AQL 值的参考值

企业	检验类别	不合格品种类	AQL/%
一般工厂	进货检验	A、B类不合格品	0.65,1.5,2.5
		C类不合格品	4.0,6.5
	成品出厂检验	A类不合格品	1.5,2.5
		B、C类不合格品	4.0,6.5

表 2-4　不同性能与 AQL 值的参考值

质量特性	电气性能	机械性能	外观性能
AQL/%	0.4～0.65	1.0～1.5	2.5～4.0

表 2-5　不同产品与 AQL 参考值

使用要求	特高	高	中	低
AQL/%	≤0.1	≤0.65	≤2./5	≤4.0
适用范围	卫星、导弹、宇宙飞船	飞机、舰艇、重要军工产品	一般军用和工农业产品	生活用品一般工农业用品

综合以上情况，给出确定 AQL(%) 参考值。实际确定时还应强调供需双方的协商一致。

本项目属一般工农业用品，可选择 AQL(%)≤4.0。

(5) 选择确定抽样方案类型（一次、二次、多次）　根据比较不同类型对应抽样方案的管理费用和平均样本大小来决定一次、二次或五次抽样方案中的一种；没特别规定时，这里一般选择一次抽样方案。只要规定的合格质量水平和检查水平相同，不管使用哪一种类型所对应的抽样方案进行检查，其对批质量的判别力基本相同。

(6) 规定检查严格度（宽严程度）——确定抽样方案（正常、加严、放宽）　本标准规定有正常检查、加严检查和放宽检查三种不同程度的检查严格度；除非另有规定，在检查开始时，应使用正常检查。

检查严格度的调整按转移规则进行，参见 GB 2828.1—2003 中“9.3 转移规则和程序”。

(7) 检索抽样方案　根据样本大小字码和合格质量水平，运用标准中给出的表检索抽样方案。检索抽样检验方案程序示意如下。

根据：批量 N（20000）、检验水平 IL(Ⅱ) 查“样本量字码表”得 CL(M)，根据 CL(M)、AQL 查表 2-5，得“抽样检验方案 [n，Ac，Re]”（Re 为拒收数）为：[315，21，22]。

查表时应注意：“沿着箭头走，见数就停留，同行是方案，千万别回头”；当遇到↓时，应使用箭头下面的第一个抽样方案；当遇到↑时，应使用箭头上面的第一个抽样方案；当样本大于或等于批量时，应整批 100%检查。

(8) 批的提交（初次提交，不能适用于再提交批）　抽取样本：用能代表批质量的方法抽取样本，样本数 n=315 个。抽取样本的时间，可以在批的形成过程中，亦可以在批组成之后。

检查样本：根据产品技术标准或订货合同中对单位产品规定的检验项目，逐个对样本单位进行检查并累计不合格（品）总数；当不合格分类时应分别累计。

(9) 检验判定　根据 AQL 和检查水平所确定的抽样方案，由样品检查的结果判定：若在样本中发现的不合格品数≤合格判定数，则判该批是合格批；若在样本中发现的不合格品数大于合格判定数，则判该批是不合格批。

(10) 检查后的处置　合格与不合格均针对单位产品而言，对交验批不存在合格与不合格，只能判定“接收”或“拒收”。判为合格则整批接受；判为不合格的批原则上全部退回，或根据有关规定处理。

2.2 型式检验的样品抽取（入门项目）

2.2.1 工作任务书

“选择抽样方案2”工作任务书见表2-6。

表 2-6 “选择抽样方案 2”工作任务书

工作任务	确定某企业配制车间新配方首批次产品的检验抽样方案		
任务情景	企业配制车间接受技术部新开发的产品试生产任务，生产了小批量产品，产品批量为200件。要求质检部跟踪检测该批产品，并对新配方产品的品质作出评价		
任务描述	选择该批产品检验的抽样方案，并根据任务书设定的抽检结果判断该批次产品是否可接受		
目标要求	(1)能按要求独立完成抽样方案的确定，并形成规范电子文稿 (2)能正确描述抽样方案的意义并可完成抽样操作 (3)能对批产品质量进行正确的判断		
任务依据	GB/T 1684—93、GB 2828、GB 2829的应用		
学生角色	企业质检部员工	项目层次	自主项目
成果形式	抽样方案的电子文稿；项目组收集的相关的过程资料，相关知识小结；问题与思考		
备注	成果材料要求制作成规范的电子文档打印装订上交或上传课程网站 （条件假设：按方案抽检后，不合格数为5件。作为批产品判定依据）		

2.2.2 项目实施基本要求

① 查阅相关国家标准，展示查阅结果；

② 解读国家标准、抽样意义、步骤和方法；

③ 根据国标和任务情景确定抽样方案；

④ 成果材料整理与提交。

2.3 自选企业情境的样品抽取（拓展项目）

2.3.1 工作任务书

“选择抽样方案3”工作任务书见表2-7。

表 2-7 “选择抽样方案 3”工作任务书

工作任务	确定____________________产品的检验抽样方案		
任务情景	（要求情境合理）		
任务描述	确定产品检验的抽样方案，并根据任务书设定的抽检结果判断该批次产品是否可接受		
目标要求	(1)能按要求独立完成抽样方案的确定，并形成规范电子文稿 (2)能正确描述抽样方案的意义并可完成抽样操作 (3)能对批产品质量进行正确的判断		
任务依据	GB/T 1684—93、GB 2828、GB 2829的应用		
学生角色		项目层次	拓展项目
成果形式	抽样方案的电子文稿；项目组收集的相关的过程资料，相关知识小结；问题与思考		
备注	成果材料要求制作成规范的电子文档打印装订上交或上传课程网站 （条件假设：按方案抽检后，不合格数为____件。作为批产品判定依据）		

2.3.2 相关知识与技能要点

2.3.2.1 检验的定义

检验是采用某种方法（技术、手段）测量、检查、试验和计量产品的一种或多种质量特性并将测定结果与判定标准相比较，以判定每个产品或每批产品是否合格的过程。常用的判定标准，如国家或行业标准、检验规范（质量计划、作业指导书等）、技艺评定（限度样本、图片等）。

2.3.2.2 几个相关的概念

（1）单位产品（unit product） 为了实施检验的需要而划分的基本单元。

（2）检验批（inspection lot） 需要进行检验的一批单位产品，简称批。

（3）缺陷（defect） 产品质量特性不满足预定使用要求。

2.3.2.3 检验的分类

（1）按检验数量分 可分为全数检验和抽样检验。

（2）按流程分 可分为进货检验、过程检验、最终检验和出货检验。

（3）按判别方法分 可分为计数检验和计量检验。

（4）按产品检验后产品是否可供使用来分 可分为破坏性检验和非破坏性检验。

2.3.2.4 全数检验及其适用场合

（1）全数检验（即100%检验） 是对提交检验批中每个单位产品实施逐个检验，以判定单位产品合格或不合格。

（2）全数检验的适用范围

① 当生产过程不能保证产品批达到预先规定的质量水平时，应采取100%检验；

② 当批产品不合格品率太大时，采用全检可以提高检验后的批质量；

③ 因错漏检可能造成重大事故或人身伤亡事故对下道工序以及消费者、使用者造成重大损失时，应采取100%检验；

④ 检验效果高于检验费用时，应采取100%检验。

2.3.2.5 抽样检验的特点及适用场合

产品的抽样检验是根据样本所检验的结果，判定产品批合格与否的过程。

抽样检验具有如下的特点：

① 按事先确定的抽样方案，从产品批中抽取单位产品组成样本并进行检验，用样本检验结果与批的判定准则和 Ac（或 C）作比较，判断批产品合格或不合格；

② 抽样检验存在有错判风险；

③ 样本作为批的代表，应能按相等的概率从产品中抽取；

④ 应有明确的判定准则和抽样检查程序及方案，无论检查者是谁，都应以同样的方法进行；

⑤ 应允许经检查合格的批中仍可能存在不合格品，也应认识到经检查判为不合格的批中，合格品占有大多数。

抽样检验适用如下场合：产品批量较大时；检验项目较多时；检验带有破坏性或损伤性时；单位产品检验费用高或花费工时多时。

2.3.2.6 引用标准GB 2828解读

（1）标准名称 GB 2828逐批检查计数抽样程序及抽样表。

（2）标准适用 适用于连续批的检查。

（3）术语

① 常规检验项目：指每批产品必检的项目，包括理化指标、感官指标、卫生指标中细

菌总数、重量指标和外观要求。

② 非常规检验项目：指非逐批检验的项目，如卫生指标中除细菌总数以外的其他项目。

③ 适当处理：指不破坏销售包装，从整批化妆品中剔除个别不合格的挑拣过程。

④ 样本：指每批抽样量的全体。

⑤ 单位产品：指单件化妆品，以瓶、支、袋、盒为计件单位。

（4）检验分类　交收检验与型式检验。

交收检验包括如下内容。

① 产品出厂前由生产厂的检验部门按产品标准逐批进行检验，符合标准方可出厂，每批出厂产品都应附有合格证。

② 收货方可以交货批为批量，按本标准规定进行检验。

③ 交收检验项目为常规检验项目。

型式检验包括如下内容。

① 型式检验是根据产品技术标准对产品的各项质量指标所进行的全面试验和检验。

② 一般情况下每年不得少于一次，有下列情形之一时，也应进行型式检验。新产品研制及当原料、工艺、配方有重大改变，可能影响产品性能时；产品长期（6 个月以上）停产后恢复生产时；出厂检验结果与上次型式检验有较大差异时；国家质量监督机构提出进行型式检验要求时。

③ 型式检验的项目包括常规检验项目和非常规检验项目。

（5）批的组成　工艺条件、品种、规格、生产日期相同的产品为一批。收货方也可按一次交货产品为一批。

（6）抽样

① 交收检验抽样

a. 包装外观检验项目的抽样按 GB 2828 的二次抽样方案抽样。其中检查水平（IL）＝Ⅱ、B类（重）不合格的 AQL＝2.5、C类（轻）不合格的 AQL＝10.0。

b. 属破坏性试验的项目按 GB 2828 二次抽样方案抽样，其中 IL＝S－3，AQL＝4.0。

c. 包装外观检验项目的内容见表 2-8。

表 2-8　包装外观检验项目

检验项目	B类不合格	C类不合格
瓶	冷爆、泄露、松脱、(毛口)毛刺	
盖	破碎、裂纹、爆裂、漏放内盖	
袋	漏液、穿孔	除B类不合格项目外的外观缺陷
盒	毛口、开启松紧不宜，镜面和内容物与盒黏结	
软管	脱落、严重瘪听	
喷雾罐	封口开口、漏液、滑牙、破碎	
吸管	喷头不畅，瘪听松紧不当，旋出推出不灵活	标志不清晰，表面不光洁
化妆笔	笔杆开胶，漆膜开裂，笔套配合不当	除B类不合格项目外的外观缺陷
外盒	错装、漏装	
商标、说明书	字迹模糊，漏贴、倒贴、错贴	
盒头(贴)、合格证		

d. 感官理化和卫生指标检验的抽样，按检验项目随机抽取相应的样本，作各项感官理化指标和卫生指标的检验。

e. 重量（容量）指标检验，随机抽取 10 份单位样本，按相应和产品标准中试验方法，称取其平均值。

② 型式检验抽样

a. 型式检验中的常规检验项目以交收检验结果为依据，不得重复抽样。

b. 型式检验的非常规检验项目可从任一批产品中抽取 2～3 单位样本，按产品标准规定的方法检验。

（7）判定规则

① 交收检验判定规则

a. 当卫生指标不符合相应标准时，该批产品即判为不合格批，不得出厂。

b. 当感官理化指标中任一项不符合相应的产品标准时，允许对该项指标进行复检，由供需双方共同抽样，若仍不合格，则判不得出厂。

c. 当重量（容量）指标不符合相应的产品标准时，允许进行加倍复检，仍不合格时，该批产品为不合格批。

d. 当外观指标检验时，第一次样本中不合格品小于等于 A1，即判该批产品外观为合格；当样本中不合格品大于等于 R1 时，即判该批产品外观为不合格；当第一次样本不能判断时，抽取第二次样本。当二次检查中不合格品总数小于等于 A2 时，即判该批产品外观合格；当不合格品总数大于等于 R2 时，即判该批产品外观不合格。

② 型式检验判定规则

a. 型式检验的常规检验项目的判定与交收检验判定规则相同。

b. 型式检验中的非常规检验项目中有一项不符合产品标准规定量，即判整批产品为不合格。

③ 当供需双方对产品质量发生争议时，由双方共同按本标准进行抽样检验，或委托上级质监站进行仲裁检验。

（8）转移规则

① 除非另有规定，在检查开始时应使用正常检查。

② 从正常检查到加严检查　当正常检查时，若在连续五批中有两批经初次检查（不包括再次提交检查批）为不合格，则从下一批转到严加检查。

③ 从加严检查到正常检查。当进行严加检查时，若连续五批经初次检查（不包括再次提交检查批）合格，则从下一批检验转到正常检查。

（9）检查的暂停和恢复　严加检查开始后，若不合格批数（不包括再次提交检查批）累计到五批，则暂时停止产品交收检查。暂停检查后，若生产方确实采取了措施，使提交检查批达到或超过标准要求，则经主管部门同意后，可恢复检查。一般从严加检查开始。

（10）检查后处置　重量（容量）不合格批和 B 类不合格批，允许生产厂经适当处理后再次提交检查，再提交按严加抽样方案进行检查。

2.3.2.7　进货检验（IQC）

按质量策划的结果（如质量计划、进货检验指导书、国家或行业标准等）实施检验。做好记录并保存好检验结果，做好产品状态的标识，进行不合格品统计和控制，异常信息反馈。

检验方法包括：验证质保书、进货检验和试验、在供方处的验证、委外检验和试验。

2.3.2.8 过程检验（IPQC）

按质量策划的结果（如质量计划、作业指导书等）实施检验。做好记录并保存好检验结果，做好产品状态的标识，进行不合格品统计和控制，异常信息反馈。过程检验的分类有首/末件检验、作业员自检、检验员巡检和转序检验。

注：企业在质量策划时可根据产品、过程和人员状况进行选择使用。

检验处置的三“不”原则：不接受不合格品、不生产不合格品、不流转不合格品。

2.3.2.9 最终检验（FQC）

按质量策划的结果（如质量计划、最终检验指导书、国家或行业标准等）实施检验，做好记录并保存好检验结果，所有检验项目都完成且合格之后，产品才能转序或入库。做好产品状态的标识，进行不合格品统计和控制、异常信息反馈。

2.3.2.10 出货检验（OQC）

按质量策划的结果（如质量计划、出货检验指导书）实施检验，做好记录并保存好检验结果，做好产品状态的标识，对不合格品进行登记、隔离并采取措施，对采取措施的结果进行验证，异常信息反馈。

出货检验的主要内容：产品、标识、包装。

2.3.2.11 不合格品的控制

（1）不合格品的定义　未满足明示的、习惯上隐含的或必须履行的需求和期望的产品。

（2）不合格品的控制要求　标识、记录、评审、隔离、处置。

（3）不合格品评审和处置的方法　返工、返修、让步接受、降级或改作他用、拒收或报废。

2.3.2.12 不合格的分类

按照实际需要，将不合格区分为A、B、C三类。

（1）A类　单位产品的极重要质量特性不符合规定，或单位产品的质量特性极严重不符合规定；

（2）B类　单位产品的重要质量特性不符合规定，或单位产品的质量特性严重不符合规定；

（3）C类　单位产品的一般质量特性不符合规定，或单位产品的质量特性轻微不符合规定。

2.4 问题与思考

① 简述国家标准的获取途径。

② A类不合格品与B类不合格品的区别？

③ 一个检验批是否可以由几个投产批组成？

④ 何谓“抽样方案”？抽样方案的表达形式和类型有哪些？

⑤ 如何根据“抽样方案”抽取样本？

⑥ 何谓“加严检验”？简述转移规则和程序。

⑦ 何谓“接收质量限（AQL）”？

⑧ 如何判断“批接收”或“批拒收”？

2.5 本章中英文对照表

序号	中　文	英　文
1	检验	inspection
2	初次检验	original inspection
3	单位产品	item
4	不合格	nonconformity
5	缺陷	defect
6	不合格品	nonconforming item
7	(样本)每百单位产品不合格数	nonconformities per 100 items(in a sample)
8	负责部门	responsible authority
9	批	lot
10	样本	sample
11	样本量	sample size
12	抽样方案	sampling plan
13	正常检验	normal inspection
14	加严检验	tightened inspection
15	放宽检验	reduced inspection
16	过程平均	process average
17	接收质量限(AQL)	acceptance quality limit

3 化妆品感官指标检验

本章以“洗面奶（facial cleanser）和润肤霜膏感官指标检验”的工作任务为载体，展现了化妆品感官指标检验（test of cosmetic sensory index）方案制定、感官指标检验方法和步骤、产品相关质量判定等的工作思路与方法，渗透了化妆品感官指标检验中涉及的化妆品类型、化妆品检验的感官指标体系、感官指标检验依据和规则、取样与留样规则、检验报告形式及填写等系统的应用性知识。

3.1 洗面奶的色泽、香型、质感检验（入门项目）

3.1.1 工作任务书

“洗面奶感官指标检验”工作任务书见表 3-1。

表 3-1 “洗面奶感官指标检验”工作任务书

工作任务	某批次洗面奶的出厂检验		
任务情景	企业乙为企业甲加工生产若干批批量为 20000 件的洗面奶，企业乙完成了某批次的加工任务，在准备向企业甲交货前进行出厂前检验		
任务描述	完成该批次洗面奶感官指标的检验，并根据实际检验结果作出该批次产品的质量判断（感官指标部分）		
目标要求	(1)能按要求完成色泽(color)、香型(flavor)、外观指标检验的全过程 (2)能根据检验结果对整批产品质量作出初步评价判断		
任务依据	QB/T 1684、GB 5296.3、QB/T 2286—1997、QB/T 1645—2004 的应用		
学生角色	企业乙的质检部员工	项目层次	入门项目
成果形式	项目实施报告（包括洗面奶感官指标检验意义、步骤、方法；实施过程的原始材料：领料单、采样及样品交接单、产品留样单、原始记录单、润肤霜感官指标检验报告单；知识技能小结、问题与思考）		
备注	成果材料要求制作成规范的文档装订上交或以电子文档形式上传课程网站		

3.1.2 工作任务实施导航

3.1.2.1 查阅相关国家标准

（1）查阅途径或方法　参见 2.1.2.1（1）。

（2）查阅结果

① QB/T 1684 化妆品检验规则（感官指标部分）

② GB 5296.3 消费品使用说明化妆品通用标签

③ QB/T 2286—1997 润肤乳液

④ QB/T 1645—2004 洗面奶（膏）

3.1.2.2 标准及标准解读

（1）相关标准

QB/T 1645—2004 洗面奶（膏）（说明：以下主要展示与感官指标相关部分内容）

QB/T 1645—2004 洗面奶（膏）

1 范围

本标准规定了洗面奶（膏）的产品分类、要求、试验方法、检验规则和标志、包装、运输、贮存。

本标准适用于以清洁面部皮肤为主要目的，同时兼有保护皮肤作用的洗面奶（膏）。

2 规范性引用文件 略

3 产品分类

根据洗面奶（膏）产品的主要成分不同，可分为表面活性剂型[1]和脂肪酸盐型[2]二类。

4 要求

4.1 卫生指标应符合表1的要求。使用的原料应符合卫法监发［2002］第229号规定。

表1 卫生指标

项目		要求
微生物指标	细菌总数/(cfu/g)	≤1000(儿童用产品≤500)
	霉菌和酵母菌总数/(cfu/g)	≤100
	粪大肠菌群	不得检出
	金黄色葡萄球菌	不得检出
	绿脓杆菌	不得检出
有毒物质限量	铅/(mg/kg)	≤40
	汞/(mg/kg)	≤1
	砷/(mg/kg)	≤10

4.2 感官和理化指标应符合表2要求。

表2 感官、理化指标要求

项目		要求	
		表面活性剂型	脂肪酸盐型
感官指标[3]	色泽[4]	符合规定色泽	
	香气[5]	符合规定香型	
	质感[6]	均匀一致	
理化指标		略	

4.3 净含量偏差

应符合国家技术监督局令［1995］第43号规定。

5 试验方法

5.1 卫生指标 略

5.2 感官指标

5.2.1 色泽

取试样在室温和非阳光直射下目测观察。

5.2.2 香气

取试样用嗅觉进行鉴别。

5.2.3 质感

取试样适量，在室温下涂于手背或双臂内侧。

5.3 理化指标 略

6 检验规则

按 QB/T 1684 执行。

7 标志、包装、运输、贮存、保质期 略

（2）标准的相关内容解读

［1］表面活性剂（surfactant）型洗面奶 洗面奶中起清洁皮肤作用的主要是各类表面活性剂，该类洗面奶一般泡沫丰富，刺激性较小。

［2］脂肪酸盐型洗面奶 又可称皂基型洗面奶，该类洗面奶一般脱脂力较强，多用于油性皮肤，刺激性较大。

［3］感官指标 不需要进行化学分析或其他分析的最直接指标，可以直接利用人类的各项感官功能进行鉴定的指标。

［4］色泽 颜色和亮度。无色膏状、乳状化妆品应洁白有光泽，液状应清澈透明；有色化妆品应色泽均匀一致，无杂色。好的洗面奶色泽要适中，太暗淡显得粗糙，太油亮给人感觉油腻。

［5］香型 香气的分类，如醛香型、花香型、东方香型、馥奇香型、素心兰香型、果香型。

［6］质感（texture） 由于洗面奶所含的油脂、增稠剂、固化剂、表面活性剂等物质不同，可以将洗面奶的质地分为四大类：乳状、霜状、啫哩、摩丝。

固状化妆品应软硬适宜；粉状化妆品应粉质细腻，无粗粉和硬块；膏状、乳状化妆品应稠度适当，质地细腻，不得有发稀、结块、剧烈干缩和分离出水等现象；液状化妆品应清澈、均匀、无颗粒等杂质。

3.1.2.3 根据国标制订检验方案

（1）采样与留样

① 采样 按抽样检验方案［N，n，AQL］随机抽取 n 件样本，作各项感官指标检测。

② 成品留样

a. 成品封样，产品灌装之前，由质检室取样封存，样品量不少于 1 个单位产品。

b. 保留样品的容器必须清洁、干燥。

c. 样品应按照其不同性能存放在阴凉、干燥、安全避光的地方。

d. 样品留样标签设计，见表 3-2。

表 3-2 样品留样标签

编　号	检测日期	样品名称
样品批号	生产日期	客户名称

e. 样品应由质检室专门管理，其他人员不能擅自进入质检室。

f. 质检室应做好样品的留样档案记录。留样室档案设计（参考），见表 3-3。

表 3-3 留样室档案记录表

编号	检测日期	样品名称	样品批号	生产日期	客户名称	检验人员	启封日期/签名

(2) 测定与记录

① 色泽

a. 取试样在室温和非阳光直射下目测观察；

b. 根据不同类型的洗面奶，注意观察点的区别；

c. 记录观察现象于原始记录表。

② 香型

a. 取试样用嗅觉进行鉴别，洗面奶是否具有幽雅芬芳的香气，香气是否悠厚持久，是否有强烈的刺激性。

b. 记录观察现象于原始记录表。

③ 质感

a. 取试样适量，在室温下涂于手背或双臂内侧。

b. 根据不同类型的洗面奶，注意观察点的区别。

c. 记录观察现象于原始记录表 3-4。

表 3-4 原始记录表

洗面奶类型	色泽	香气	质感
观察点(一般规定)	无色透明有光泽、清澈透明或均匀一致,无杂色	无强烈的刺激性、较持久、幽雅芬芳	温和而不油腻、密度适中、有光泽、不会凝结成块
实测数据(观察现象)			
单项评价结论			

(3) 填写成品检验单和检测报告 见表 3-5 和表 3-6。

表 3-5 成品检验单

成品名称			成品编号		
规格			出库处		
生产日期		制造编号		检验者	
半成品生产日期		检验编号		取样者	
取样量		取样地点		取样方法	
No.	检验项目	标准规定	实测数据	单项评价	
1	外观	均匀一致			
2	色泽	符合企业规定			
3	香气	符合企业规定			
4	以下略				

3.1.3 问题与思考

① 观察色泽应注意哪些外部条件？为什么？

② 色泽不正常通常由哪些原因造成？

③ 嗅香气在操作上有哪些注意点？

④ 香气不持久有哪些原因？

⑤ 洗面奶发稀、结块是什么造成的？

⑥ 如果洗面奶的色泽不达标，对成品会有什么影响？

表 3-6　检测报告

（原料□　　成品□　半成品□）

产品名称		样品编号			
样品批号		生产日期			
样品规格					
产品数量		抽检数量			
样品状态		接收日期		检测日期	
检测项目					
评价标准					
检测依据					
抽检合格数					
检测结论					
编制人：	审核人：			批准人： 年　月　日	

注：对某批次产品的检验结论，应以本批产品“接受”或“不接受”的形式来描述（不是“合格”或“不合格”）。单项评价为“合格”或“不合格”。

3.2　润肤霜膏的感官指标检验（自主项目）

3.2.1　工作任务书

“润肤霜膏感官指标检验”工作任务书见表 3-7。

表 3-7　“润肤霜膏感官指标检验”工作任务书

工作任务	某批次润肤霜的交收检验的感官指标检验		
任务情景	企业甲收到消费者协会投诉，投诉企业甲所生产某品牌润肤霜膏的质量问题，消费者协会委托某仲裁机构乙进行仲裁分析。仲裁机构乙对消费者所购该品牌润肤霜膏进行检测		
任务描述	编制该批次润肤霜膏交收检验的感官指标检验方案，并根据实际检验结果或设定的抽检结果作出该批次产品的质量判断		
目标要求	(1)能按要求独立完成色泽、香型、外观检验与判断方案的制定，并形成规范电子文稿 (2)能按方案正确完成色泽、香型、外观检验操作和正确判断 (3)能根据检验结果对产品质量作出初步评价判断		
任务依据	QB/T 1684、GB 5296.3、QB/T 2286—1997、QB/T 1645—2004 的应用		
学生角色	仲裁机构乙(中间方)的工作人员	项目层次	自主项目
成果形式	1. 润肤霜感官指标的检验方案 2. 项目实施报告(包括洗面奶感官指标检验意义、步骤、方法；实施过程的原始材料：领料单、采样及样品交接单、产品留样单、原始记录单、润肤霜感官指标检验报告单；问题与思考) 3. 问题与思考		
备注	成果材料要求制作成规范的文档装订上交或以电子文档形式上传课程网站		

3.2.2 项目实施基本要求

① 查阅相关国家标准，展示查阅结果；

② 解读国家标准、检验意义、步骤、方法、相关原理；

③ 根据国标制定检验方案，设计相关表格，列出工具与材料；

④ 根据检验方案实施检验，提交检验结果；

⑤ 成果材料整理与提交。

3.2.3 问题与思考

① 产品质量检验可参照的基本依据有哪些？

② GB及QB/T分别代表什么？

③ 润肤霜的感官指标应符合哪些要求？

④ 比较洗面奶与润肤霜的感官指标检验的异同。

⑤ 润肤霜的感官指标与润肤霜的内在质量的关系？

⑥ 样品留样的意义？

3.3 举一反三（拓展项目）

——请学员自选一种化妆品并完成对其的感官指标检验与品质判断。

要求：

① 自拟任务书和检验方案；

② 自主完成检验，提交完整原始材料；

③ 完成检验报告，作出产品品质评判。

3.4 教学资源

3.4.1 相关知识技能要点

（1）洗面奶类型　表面活性剂型洗面奶和脂肪酸盐型洗面奶（又可称皂基型洗面奶）。

（2）感官指标　指不需要进行化学分析或其他分析的最直接指标，可以直接利用人类的各项感官功能进行鉴定的指标。感官指标体系通常包括色泽、香气、质感等指标。

（3）化妆品感官指标的质量检验依据　化妆品感官指标的质量判断通常是以客户或企业提供的标准品为依据，用样品与标准品对比作出质量评判。

（4）香型　香气的分类，如醛香型：具圆润、柔和的香气。花香型：香甜、清新，代表着女性的甜美。东方香型：香气浓烈、刺激，具有东方神秘色彩。馥奇香型：具烟草与皮革的香气，多为男性使用。素心兰香型：淡雅的柑橘与柠檬香。果香型：较为通俗的甜香味。

化妆品必须具有幽雅芬芳的香气，香味可根据不同的化妆品呈不同的香型，但必须悠厚持久，没有强烈的刺激性。

（5）香料源　香料源有三种：一是从植物采集的植物性香料；二是从动物采集的动物性香料；三是从化学提炼的人造香料、合成香料。

（6）质感　由于洗面奶所含的油脂、增稠剂、固化剂、表面活性剂等物质的不同，可以将洗面奶的质地分为四大类：乳状、霜状、啫哩、摩丝。

男士洗面奶针对男士偏油性的皮肤特点，大部分会使用霜状的质地，部分含有磨砂的成分，大大增加洗面奶的清洁能力。但男性肤质也会有干油性的差异，乳状的洁面乳会在保湿方面取得较好的效果，因而也占有一定的市场份额。

在色泽、密度、状态综合结果看来，质感最好的洁面乳，由于它的磨砂跟乳质颜色一样是白色，肉眼难易分辨磨砂的粗细，但触摸后感觉乳液温和而不油腻，同时，密度适中，不会容易凝结成快，整体感觉软弱有光泽，质感细腻，跟肌肤接触最为舒适。

有些洗面奶由于是乳状的质地，偏水性，总体感觉很稀，在往手上倒的时候很容易因为流动太快而难易掌握分量，而本身保湿功能比较出众，乳质感觉比较油腻。

总体来说，温和滋润的产品的质感会比较亲水性，而且感觉较油腻，含有磨砂成分的相对密度会高一点，增加与肌肤的接触面而加强它的洁肤效果。

(7) 产品的检验结论的表述　对某批次的产品的检验结论，应以本批产品“接受”或“不接受”的形式来描述；对产品的单项指标的评价为“合格”或“不合格”。

(8) 留样的目的　保证产品质量的可对比性和可追溯性。

留样对象　一般经检验合格的原辅料、半成品及经检验合格出厂产品均需留样。

留样要求与管理　详见本章“3.4.2.2 产品留样管理制度及考核办法”。

3.4.2 相关企业资源（引自企业的相关规范、资料、表格）

3.4.2.1 企业检验记录表

企业检验记录示例见表3-8。

表3-8　×××有限公司半成品检验记录

产品名称		生产日期		
产品批号		生产数量		
抽样日期		抽样人		
检验依据				
指标名称	指标要求		指标记录	实测值
外观				
色泽				
香气				
清晰度				
pH值(25℃)				
黏度(25℃)/Pa·s				
泡沫(40℃)/mm				
耐热	____℃,24h,恢复至室温,无异味,无分层和变色现象			
耐寒	____℃,24h,恢复至室温,无沉淀和变色现象			
离心分离	2000r/min,30min,无油水分离现象			
菌落总数				
粪大肠菌群	不得检出			
铜绿假单胞菌	不得检出			
金黄色葡萄球菌	不得检出			
霉菌和酵母菌				
检验结论				

批准人：　　审核人：　　检验人：　　批准日期：　　审核日期：　　检验日期：

3.4.2.2 产品留样管理制度及考核办法

×××化妆品有限公司
产品留样管理制度及考核办法

一、目的

保证产品质量的可对比性和可追溯性。

二、封样范围

适用于所用原辅料、半成品及经检验合格出厂产品的留样及其他产品的留样。

三、主要内容

1. 原料留样

1.1 每批原料进厂后，质检员取样检验并留样，贴上标签，标签上写明名称、进仓日期、供应商、进货量。

1.2 所有原料均应保留三年。

1.3 如化验室人员需查看、借用留样原料，必须经得原料化验室主管人员同意并在其陪同下，方可查看；如别的部门需查看、借用，必须经技术主管或质检主管同意，在原料质检员陪同下，方可查看、借用。凡是在化验室借用留样原料的必须在原料员处登记。

2. 半成品留样

2.1 对车间所有批量生产的半成品，检验员必须在规定的时间内检验。检验合格后留样，并在标签上写明名称、批号、生产量、生产日期，统一放于半成品留样柜。

2.2 半成品留样期限为三年，对已过保质期的留样及时清理。

2.3 如化验室人员需查看、借用留样原料，必须经得原料化验室主管人员同意并在其陪同下，方可查看；如别的部门需查看、借用，必须经技术主管或质检主管同意，在原料质检员陪同下，方可查看、借用。凡是在化验室借用留样原料的必须在原料员处登记。

3. 成品留样

3.1 成品封样：产品灌装之前，由质检室取样封存；样品量不少于1个单位产品。

3.2 保留样品的容器必须清洁、干燥。

3.3 样品应按照其不同性能存放在阴凉、干燥、安全避光的地方。

3.4 样品应标识客户名称、样品名称、批号、生产日期、编号。

3.5 样品应由质检室专门管理，其他人员不能擅自进入质检室。

3.6 质检室应做好样品的档案记录。

3.7 样品的借用或领用应经质检室批准，才能给予借用或领用。

3.8 样品封存保存期三年零一个月。

3.9 样品在整个保存期应保持完整无损。

3.10 样品的报废应经质检室主任批准，并办理相关登记手续后方能报废。

4. 考核办法

4.1 每日的留样检查、处理由技术部门负责。

4.2 每季由厂部组织，技术部门对质检部门的留样工作进行检查、评定。

4.3 各类产品留样检查均需做好记录，存档备查。

4.4 具体考核办法

序号	考核项目、要求	考核办法	考核对象
1	所有的原材料、半成品、成品均应留样	抽查原材料、半成品、成品的留样记录和相应的实物	质检室
2	留样瓶上应注明名称、进仓日期、进货量、批号、生产量、生产日期、留样日期	抽查近期产品的留样	质检室

续表

序号	考核项目、要求			考核办法		考核对象
3	应做好样品留样的档案记录			抽查样品的留样记录		质检室
4	对样品留样的放置应分类、整洁放置			对留样室进行检查		质检室
5	对样品的查看、借用及报废应有相关的程序			抽查相关的登记记录		质检室
标记	处数	更改单号	审批人	更改人	生效日期	
					年 月 日	

编制： 审核： 批准： 归口部门：质检室

年 月 日发布 年 月 日实施

3.5 本章中英文对照表

序号	中文	英文	序号	中文	英文
1	感官指标	sensory index	4	质感	texture
2	色泽	color	5	洗面奶	facial cleanser
3	香型	flavor	6	表面活性剂	surfactant

4 化妆品理化指标检验

化妆品种类纷呈，各种化妆品理化性质各不相同，化妆品常规理化指标体系主要由相对密度（relative density）、浊度（turbidity）、熔点（melting point）、黏度（viscosity）、耐热（heat-resistance）、耐寒（cold-resistance）、离心试验（centrifugal test）、pH 值等指标构成，这些指标直接影响产品的质量，因此是化妆品检验的主要内容。本章以“洗面奶的 pH 指标检验”“洗面奶的相对密度指标检验”等工作任务为载体，展现了化妆品理化指标检验（test of cosmetic physical and chemical index）方案制定、检验方法技能和步骤、产品相关质量判定等的工作思路与方法，渗透了化妆品检验中涉及的化妆品类型、化妆品理化指标检验与品质判断、取样与留样规则、检验报告形式及填写等系统的应用性知识。

4.1 洗面奶的 pH 指标检验与品质判断（入门项目）

正常皮肤表面呈弱酸性，其 pH 值约为 5.0～6.5，皮肤表面的弱酸环境主要由皮肤的代谢产物如乳酸、氨基酸、游离脂肪酸等酸性物质造成的。为使皮肤表面的皮脂膜不受伤害，通常应有效控制化妆品的 pH 值，常用的皮肤用化妆品的 pH 应控制在微酸性。

pH 值的测试方法有 pH 试纸法、比色法和电位法。电位法准确度、精度高，它是通过测量浸入化妆品中的玻璃电极和参比电极之间的电位差来测定化妆品的 pH 值。国标对化妆品的 pH 检验一般采用电位法进行测定。

4.1.1 工作任务书

“洗面奶的 pH 指标检验与品质判断”工作任务书见表 4-1。

表 4-1 “洗面奶的 pH 指标检验与品质判断”工作任务书

工作任务	某批次洗面奶的出厂检验		
任务情景	企业乙为企业甲加工生产若干批批量为 20000 件的洗面奶，企业乙完成了某批次的加工任务，在准备向企业甲交货前进行出厂前检验		
任务描述	完成该批次洗面奶理化指标检验中的 pH 指标检验，并根据实际检验结果作出该批次产品的质量判断（pH 指标部分）		
目标要求	(1)能正确、独立地完成 pH 指标检验操作的全过程 (2)能根据检验结果对整批产品质量作出初步评价判断		
任务依据	QB/T 2286—1997、QB/T 1645—2004、GB/T 13531.1—2008		
学生角色	企业乙的质检部员工	项目层次	入门项目
成果形式	项目实施报告（包括洗面奶 pH 指标检验意义、步骤、方法；实施过程的原始材料：领料单、采样及样品交接单、产品留样单、原始记录单、洗面奶理化指标检验报告单；问题与思考）		
备注	成果材料要求制作成规范的文档装订上交或以电子文档形式上传课程网站		

4.1.2　工作任务实施导航

4.1.2.1　查阅相关国家标准

(1) 查阅途径或方法　参见 2.1.2.1 (1)。

(2) 查阅结果

① QB/T 1684—2006　化妆品检验规则

② GB 5296.3　消费品使用说明化妆品通用标签

③ GB/T 13531.1—2008　化妆品通用检测方法 pH 值的测定

④ QB/T 1645—2004　洗面奶（膏）

4.1.2.2　标准及标准解读

(1) 相关标准

① QB/T 1645—2004 洗面奶（膏）

1　范围

本标准规定了洗面奶（膏）的产品分类、要求、试验方法、检验规则和标志、包装、运输、贮存。

本标准适用于以清洁面部皮肤为主要目的，同时兼有保护皮肤作用的洗面奶（膏）。

2　规范性引用文件　　略

3　产品分类

根据洗面奶（膏）产品的主要成分不同，可分为表面活性剂型和脂肪酸盐型二类。

4　要求

理化指标[1]应符合下表的要求。

理化指标

项　目		要　求	
		表面活性剂型	脂肪酸盐型
理化指标	耐热	(40±1)℃保持 24h，恢复至室温后无油水分离现象	
	耐寒	－5～10℃保持 24h，恢复至室温后无分层，泛粗，变色现象	
	pH	4.0～8.5(果酸类产品除外)	5.5～11.0
	离心分离	2000r/min，30min 无油水分离(颗粒沉淀除外)	—

5　耐热

仪器：恒温培养箱：温控精度±1℃。

操作程序：预先将恒温培养箱调节到 (40±1)℃，把装完整的试样瓶置于恒温培养箱内。24h 后取出，恢复至室温后目测观察。

6　耐寒

• 仪器：冰箱：温控精度±2℃。

• 操作程序：预先将冰箱调节到－5～－10℃，把包装完整的试样瓶置于冰箱内。24h 后取出，恢复至室温后目测观察。

7　pH

按 GB/T 13531.1 中规定的方法测定（稀释法[2]）。

8　离心分离

按 QB/T 2286—1997 中 5.7 规定的方法测定。

9　净含量偏差

按 JJF 1070—2000 中 6.1.1 规定的方法测定。

10　运输

应轻装轻卸，按箱子图示标志堆放。避免剧烈震动、撞击和日晒雨淋。

11　贮存

应贮存在温度不高于38℃的常温通风干燥仓库内，不得靠近水源、火炉或暖气。贮存时应距地面至少20cm，距内墙至少50cm，中间应留有通道。按箱子图示标志堆放，并严格掌握先进先出原则。

12 保质期

在符合规定的运输和储存条件下，产品在包装完整和未经启封的情况下，保质期按销售包装标注执行。

② GB/T 13531.1—2008 化妆品通用检测方法 pH 值的测定

1 范围

GB/T 13531.1 的本部分规定了化妆品 pH 值的测定方法。本部分适用于化妆品 pH 值的测定。本标代替 GB/T 13531.1—2000《化妆品通用检测方法 pH 值的测定》。

2 原理

测量进入化妆品中的玻璃电极[3]和参比电极[4]之间的电位差。

3 试剂

实验室用水采用 GB/T 6682 中的三级水，其中电导率小于等于 5μS/cm，用前煮沸冷却。

从常用的标准缓冲溶液[5]中选取两种以校准 pH 计，它们的 pH 值应尽可能接近试样预期的 pH 值，缓冲溶液用上述水配制。

4 仪器

pH 计，包括温度补偿系统，精度在 0.02 以上；玻璃电极、甘汞电极或复合电极。

5 试样的制备

稀释法：称取样品一份（精确至 0.1g），加入经煮沸冷却后的实验室用水九份[6]，加热至 40℃，并不断搅拌至均匀，冷却至规定温度，待用。如为含油量较高的产品，可加热至 70～80℃，冷却后去油块待用；粉状产品可沉淀过滤后待用。

直测法（粉类、油膏类化妆品及油包水型化妆品除外）：将适量包装容器中的试样放入烧杯中或将小包装试样去盖后，调节至规定温度，待用。

6 校正

按仪器使用说明校正 pH 计[7]。选择两个标准缓冲溶液，在所规定温度下校正，或在温度补偿系统下进行校正。

7 测定

电极、洗涤用水和标准缓冲溶液的温度需调至规定温度，彼此间温度越接近越好，或同时调节至室温校正。仪器校正后，首先用水洗电极，然后用滤纸吸干。将电极小心插入试样，使电极浸没，待 pH 读数稳定，记录读数，读毕，须彻底清洗电极，待用。

8 分析结果的表述

pH 的结果以两次测量的平均值表示，精确度为 0.1。

9 精密度

平行试验误差应≤0.1。

（2）标准的相关内容解读

［1］理化指标　通过物理或化学方法测定的用来限定相关产品的物理性质或化学组成的标准。化妆品常规理化指标主要包括相对密度、浊度、熔点、黏度、耐热、耐寒、离心试验、pH 值等。

［2］pH 测定（稀释法）　GB/T 13531.1 规定了化妆品 pH 值的测定方法。根据试样的制备方法不同，pH 测定方法有稀释法和直测法两种。其中，稀释法规定的试样制备方法为：称取样品一份（精确至 0.1g），加入经煮沸冷却后的实验室用水九份，加热至 40℃，并不断搅拌至均匀，冷却至规定温度，待用。

图 4-1　玻璃电极

［3］玻璃电极（glass electrode）　用对氢离子活度有电势响应的玻璃薄膜制成的膜

电极，是常用的氢离子指示电极。

它通常为圆球形(见图4-1)，内置0.1mol/L盐酸和氯化银电极或甘汞电极。使用前浸在纯水中使表面形成一薄层溶胀层，使用时将它和另一参比电极放入待测溶液中组成电池，电池电势与溶液pH值直接相关。由于存在不对称电势、液接电势等因素，还不能由此电池电势直接求得pH值，而采用标准缓冲溶液来“标定”，根据pH值的定义式算得。玻璃电极不受氧化剂、还原剂和其他杂质的影响，pH值测量范围宽广，应用广泛（pH玻璃电极的使用与维护详见本章“4.7.1　相关知识技能要点”相关内容)。

[4] 参比电极（reference electrode）测量电极电势时作参照比较的电极。

[5] 标准缓冲溶液（standard buffer solution）标准缓冲溶液性质稳定，对溶液pH值有一定的缓冲容量和抗稀释能力（可参见无机及分析化学的相关内容)，常用于校正pH计。常用的标准缓冲溶液有：邻苯二甲酸盐溶液、磷酸盐溶液、硼酸盐溶液等。不同温度时各标准缓冲溶液的pH值如表4-2所示。

表4-2　不同温度下标准缓冲溶液pH值

温度/℃	邻苯二甲酸盐标准缓冲溶液	磷酸盐标准缓冲溶液	硼酸盐标准缓冲溶液
0	4.00	6.98	9.46
5	4.00	6.95	9.40
10	4.00	6.92	9.33
15	4.00	6.90	9.28
20	4.00	6.88	9.22
25	4.01	6.86	9.18
30	4.01	6.85	9.14
35	4.02	6.84	9.10
40	4.04	6.84	9.07

[6] pH测定时　若使用50mL小烧杯，考虑测定时试样需没入电极，样品取样量为5g左右。洗面奶含有较多油性物，添加水时为达到良好的溶解性能，需边搅拌边加入水，使形成的试样均匀。

[7] pH计的使用与校正　详见本章“4.7.1　相关知识技能要点”中“4.7.1.3 pH计操作步骤（两点法校正）”的相关内容。

4.1.2.3　根据国标制订检验方案

(1) 采样与留样　参见3.1.2.3（1)，并按要求填写样品留样标签（见表3-2）和留样室档案记录表（见表3-3）等。

(2) 测定与记录　称取样品5.0g置于烧杯中（精确至0.1g)，加入经煮沸冷却后的实验室用水45.0g，加热至40℃，并不断搅拌至均匀，冷却至室温，待用。用pH6.86和pH4.00标准缓冲溶液对pH计进行校正。仪器校正后，首先用水洗电极，然后用滤纸吸干。将电极小心插入试样中，使电极浸没，待pH读数稳定，记录读数，同一试样平行测量2次，测量之差不大于0.1pH单位，将测定结果记录于表4-3中。读毕，须彻底清洗电极，待用。

(3) 填写成品检验单和检验报告　填写成品检验单（见表4-4）和检测报告（见表3-6)。其中，检验结论的评定：抽检样品合格数≥AQL，则该批产品判为“接受”，抽检样品合格数＜AQL，则该批产品判为“不接受”。

表 4-3 pH 值原始记录表

洗面奶类型		
试样编号		
试样质量/g		
加入水量/g		
试样温度/℃		
pH 值		
测定结果		
测定结果极差		

表 4-4 成品检验单

成品名称			成品编号		
规格			出库处		
生产日期		制造编号		检验者	
半成品生产日期		检验编号		取样者	
取样量		取样地点		取样方法	
No.	检验项目	标准规定	实测数据	单项评价	
1～3	感官指标(略)		—	—	
4	pH 值	4.0～8.5			
5	泡沫(40℃)/mm	非透明型≥10	—	—	
6	耐热	无油水分离现象	—	—	
7	耐寒	无分层、泛粗、变色现象	—	—	

4.1.3 问题与思考

① 化妆品 pH 值测定有几种方法？各适用哪些范围？

② 比较不同型号酸度计的操作步骤？

③ 使用不同缓冲溶液校正酸度计的方法步骤有哪些？如何选用缓冲溶液？

④ 初买来的玻璃电极能直接使用吗？为什么？

⑤ 玻璃电极测定 pH 值的原理是什么？

4.2 花露水的相对密度指标检验与品质判断（入门项目）

4.2.1 工作任务书

“花露水的相对密度指标检验与品质判断”工作任务书见表 4-5。

4.2.2 工作任务实施导航

4.2.2.1 查阅相关国家标准

（1）查阅途径或方法　参见 2.1.2.1（1）。

（2）查阅结果

① QB/T 1684—2006　化妆品检验规则

表 4-5 “花露水的相对密度指标检验与品质判断”工作任务书

工作任务	某批次花露水(florida water)的质量检验		
任务情景	企业乙为企业甲加工生产若干批批量为10000件的花露水,企业乙完成了某批次的加工任务,在准备向企业甲交货前进行出厂前检验		
任务描述	对该批次花露水的理化指标相对密度进行检验,并根据实际检验结果作出该批次产品的质量判断(相对密度指标部分)		
目标要求	(1)能正确、独立地完成相对密度检验操作的全过程 (2)能根据相对密度指标对产品质量进行正确的判断(初步)		
任务依据	QB/T 1858.1—2006、CCGF 211.5—2008、GB/T 13531.4—1995		
学生角色	企业乙的质检部员工	项目层次	入门项目
成果形式	项目实施报告(包括花露水相对密度检验意义、步骤、方法;实施过程的原始材料:领料单、采样及样品交接单、产品留样单、原始记录单、洗面奶理化指标检验报告单;问题与思考)		
备注	成果材料要求制作成规范的电子文档打印上交或上传课程网站 原始记录要求表格事先设计,数据现场记录(上传课程网站的原始记录表以原始件影印形式编入电子文档)		

② QB/T 1858.1—2006 花露水

③ GB/T 13531.4—1995 化妆品通用检验方法 相对密度的测定

④ CCGF 211.5—2008 香水、古龙水、花露水、化妆水、面贴膜

4.2.2.2 标准及标准解读

(1) 相关标准

① QB/T 1858.1—2006 花露水

1 范围

本标准规定了花露水的术语和定义、要求、试验方法、检验规则和标志、包装、运输、贮存。本标准适用于由乙醇、水、香精和(或)添加剂等成分配制而成的产品。

2 术语和定义

花露水 florida water 指由乙醇、水、香精和(或)添加剂等成分配制而成的液体,对人体皮肤具有芳香、清凉、祛痱止痒等作用的产品。

3 要求 理化指标应符合下表的要求。

理化指标

项 目		要 求
理化指标	浊度	10℃时水质清晰,不浑浊
	相对密度(20℃/20℃)	0.84～0.94
	色泽稳定度	(48±1)℃,24h维持原有色泽不变

4 相对密度[1] 按 GB/T 13531.4 的方法测定。

5 浊度[2] 按 GB/T 13531.3 的方法测定。

6 净含量 按 JJF 1070—2000 中 6.1.1 规定的方法测定。

② GB/T 13531.4—1995 化妆品通用检验方法 相对密度的测定

1 范围

本标准规定了液态化妆品相对密度的检验方法。

本标准适用于液态化妆品相对密度的测定。

2 原理

分别测量一定温度下相同体积的产品和蒸馏水的质量,产品的质量和蒸馏水的质量之比即为相对密度。

3 仪器

密度瓶（density bottle）：带有温度计的 25mL 密度瓶[3]。恒温水浴：温控精度±0.5℃，密度计[4]：分度值为 0.01，温度计：分度值为 1℃，量筒：250mL。

4 分析步骤

第一法 密度瓶法

a. 水的测定：依次用铬酸洗液[5]、蒸馏水、乙醇、乙醚仔细洗净密度瓶，干燥至恒重（精确至 0.0002g）。加入刚经煮沸而冷却至比规定温度低约 2℃的蒸馏水，装满密度瓶，插入温度计，然后将瓶置于规定温度（20℃）的恒温水浴中，保持 20min，用滤纸擦去毛细管溢出的水，盖上小帽，擦干密度瓶外部的水，称其质量（精确至 0.0002g)。按下式计算水的质量：

$$W=G_1-G_0$$

式中 W——水的质量，g；

G_1——水和密度瓶质量之和，g；

G_0——空密度瓶的质量，g。

b. 试样的测定：将试样小心地加到洁净干燥的密度瓶中，插入温度计，按上面的方法进行恒温、称重。

c. 相对密度的计算：试样的相对密度按下式计算：

$$D_{20}^{20}=\frac{G_2-G_0}{W}$$

式中 W——水的质量，g；

G_2——试样和密度瓶质量之和，g；

G_0——空密度瓶的质量，g。

d. 测定结果的表述：以两次测定的平均值为最后结果。

e. 精密度：两次平行试验误差不大于 0.002。

第二法 密度计法

a. 水的测定：将蒸馏水置于洁净干燥的量筒中，再将量筒置于规定温度的恒温水浴中，保持 20min，待蒸馏水达到规定温度后，用密度计测其密度。

b. 样品的测定：将样品加入到洁净干燥的量筒中，恒温、测量如上步。

c. 相对密度的计算：试样的相对密度按下式计算：

$$D_{20}^{20}=\frac{\beta_1}{\beta_0}$$

式中 β_1——样品在 20℃时的密度，g/mL；

β_0——水在 20℃时的密度，g/mL。

d. 精密度：两次平行试验误差不大于 0.02。

（2）标准的相关内容解读

［1］相对密度 每种物质都有其本身的密度，密度是物质本身的一个特征指标。但随着温度的变化，物质的密度也随之改变。物质在温度 t_2 时一定体积的密度与同体积的蒸馏水在温度 t_1 时的密度之比，记为 $D_{t_1}^{t_2}$，称为该物质的相对密度。相对密度没有单位，常用的相对密度为 D_{20}^{20}、D_{15}^{15}和 D_{4}^{20}。国际标准相对密度是指 D_{20}^{20}。

［2］浊度 浊度是指水中悬浮物对光线透过时所发生的阻碍程度。水中的悬浮物一般是泥土、砂粒、微细的有机物和无机物、浮游生物、微生物和胶体物质等。水的浊度不仅与水中悬浮物质的含量有关，而且与它们的大小、形状及折射率等有关。浊度可用比浊法或散射

光法进行测定。我国一般采用比浊法测定，将水样和用高岭土配制的浊度标准溶液进行比较，并规定 1L 蒸馏水中含有 1mg 二氧化硅为一个浊度单位。对不同的测定方法或采用的标准物不同，所得到的浊度测定值不一定一致。

[3] 密度瓶　如图 4-2 所示，密度瓶是一种用来间接测量液体相对密度的玻璃仪器，它分普通密度瓶和附温密度瓶两类，主要规格为 25mL 和 50mL。普通密度瓶是一个壁较薄的玻璃瓶，配有磨砂的瓶塞，瓶塞中央有一细管，在密度瓶中注满水后用瓶塞塞住瓶子时，多余的水会经过细管从上部溢出，从而保证瓶内的容积总是固定的。附温密度瓶配有侧管、侧管帽及温度范围 0～100℃的温度计各一只。密度瓶的操作和注意事项详见本章“4.7.1　相关知识技能要点”中相关内容。

(a) 普通密度瓶

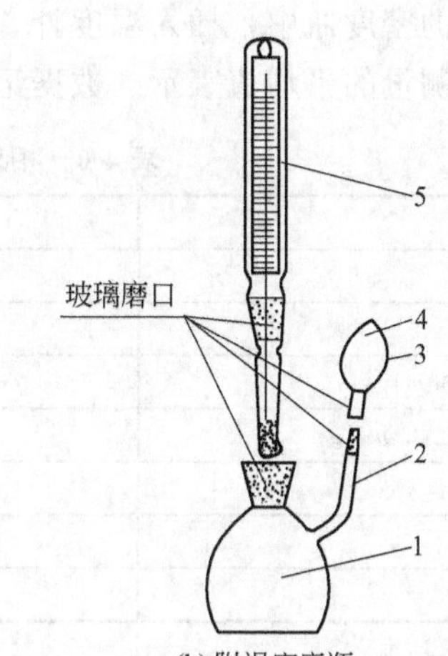

(b) 附温密度瓶

1—瓶主体；2—侧管；3—侧孔；4—帽；5—温度计

图 4-2　密度瓶

[4] 密度计　如图 4-3 所示，密度计是根据阿基米德原理制成的，按其标度方法的不同，可分为普通密度计、锤度计、乳稠计、波美计等。结构分为三部分，头部呈球形或圆锥形，里面灌有铅珠、水银或其他重金属，使其能立于溶液中，中部是胖肚空腔，内有空气故能浮起，尾部是一细长管，内附有刻度标记，刻度是利用各种不同密度的液体标度的。密度计的使用和注意事项详见本章“4.7.1　相关知识技能要点”中相关内容。

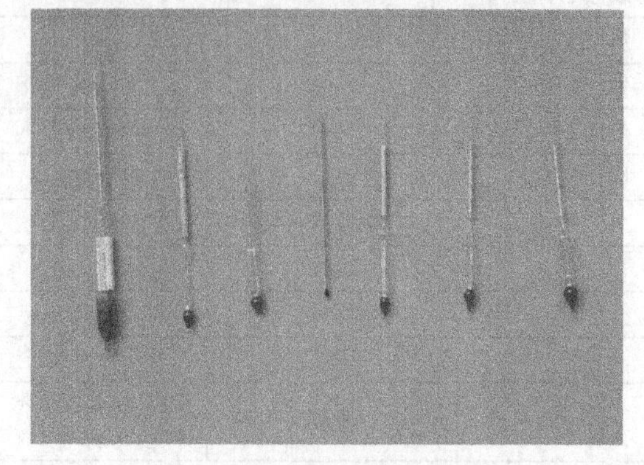

图 4-3　密度计

[5] 铬酸洗液　铬酸洗液常用来洗涤不宜用毛刷刷洗的器皿，可洗油脂及还原性污垢。配制方法是称取 10g 工业用重铬酸钾固体于烧杯中，加入 20mL 水，加热溶解后，冷却，在搅拌下缓慢加入 200mL 工业纯浓硫酸，溶液呈暗红色，贮存于玻璃瓶中备用。因浓硫酸易吸水，应用磨口玻璃塞塞好。由于铬酸洗液是一种酸性很强的氧化剂，腐蚀性很强，易烫伤皮肤，烧伤衣物，且铬有毒，所以使用时要注意安全，注意事项如下：

a. 使用洗液前必须先将仪器用自来水洗刷后倾尽水，以免洗液稀释后降低洗液的效果。

b. 用过的洗液应倒回原瓶，以备下次再用。当洗液变为绿色表示洗液失效。而失效的洗液不能倒入下水道，应倒入废液缸内，另行处理，以免污染环境。

4.2.2.3 根据国标制订检验方案

（1）采样与留样　根据样品量设计抽样方案，具体参见 3.1.2.3（1），并填写样品留样标签和留样室档案记录表。

（2）测定与记录　依次用铬酸洗液、蒸馏水、乙醇、乙醚仔细洗净密度瓶，干燥至恒重（精确至 0.0002g）。加入刚经煮沸而冷却至比规定温度低约 2℃的蒸馏水，装满密度瓶，插入温度计，然后将瓶置于规定温度（20℃）的恒温水浴中，保持 20min，用滤纸擦去毛细管溢出的水，盖上小帽，擦干密度瓶外部的水，称其质量（精确至 0.0002g）。再将试样小心地加到洁净干燥的密度瓶中，插入温度计，按上面的方法进行恒温、称重。平行测定两次，测定结果以两次测量的平均值表示。数据记录于原始记录表（见表 4-6）中。

表 4-6　相对密度原始记录表

试样编号		
温度/℃		
空密度瓶质量 m_0/g		
水和密度瓶质量之和 m_1/g		
试样和密度瓶质量之和 m_2/g		
相对密度 D_{20}^{20}		
平均值		
测定结果极差		

（3）填写成品检验单和检验报告　填写成品检验单（见表 4-7）和检测报告（见表3-6）。其中，检验结论的评定：抽检样品合格数≥AQL，则该批产品判为“接受”，抽检样品合格数<AQL，则该批产品判为“不接受”。

表 4-7　成品检验单

成品名称			成品编号		
规格			出库处		
生产日期		制造编号		检验者	
半成品生产日期		检验编号		取样者	
取样量		取样地点		取样方法	
No.	检验项目	标准规定	实测数据	单项评价	
1	清晰度	水质清晰	—	—	
2	色泽	符合企业规定	—	—	
3	香气	符合企业规定	—	—	
4	浊度	10℃时水质清晰，不浑浊	—	—	
5	相对密度（20℃/20℃）	0.84～0.94			
6	甲醇/(mg/kg)	≤2000	—	—	
7	色泽稳定度	符合企业规定	—	—	

4.2.3 问题与思考

① 相对密度的物理意义是什么？

② 化妆品相对密度的测定有几种方法？各适用哪些范围？

③ D_4^{20}和D_{20}^{20}代表什么意思？两者如何换算？

④ 密度计的规格有哪些？如何选用合适的密度计？

⑤ 如何配制铬酸洗液？

4.3 洗面奶的离心试验指标检验与品质判断（自主项目）

4.3.1 工作任务书

"洗面奶的离心试验指标检验与品质判断"工作任务书见表 4-8。

表 4-8 "洗面奶的离心试验指标检验与品质判断"工作任务书

工作任务	某批次×××洗面奶的离心试验指标检验与品质判断		
任务情景	王女士在某超市购买了某批次×××洗面奶，使用过程中出现过敏反应，故委托检测机构A进行该洗面奶的质量检验		
任务描述	对该批次洗面奶的理化指标离心试验进行检验，并根据实际检验结果对该批次产品的离心试验指标是否合格作出评价		
目标要求	(1)能正确、独立完成离心试验指标检验操作的全过程 (2)能根据离心试验指标对产品质量进行正确的判断(初步)		
任务依据	QB/T 2286—1997、QB/T 1645—2004、QB/T 1684—2006		
学生角色	检测机构A检验人员	项目层次	自主项目
成果形式	1. 洗面奶离心试验指标的检验方案(电子文稿) 2. 检验方案实施过程的原始材料：准备单、采样及样品交接单、产品留样单、原始记录单、洗面奶离心试验指标检验报告单 3. 问题与思考		
备注	成果材料要求制作成规范的电子文档打印上交或上传课程网站，原始记录要求表格事先设计，数据现场记录(上传课程网站的原始记录表以原始件影印形式编入电子文档)		

4.3.2 项目实施基本要求

① 查阅相关国家标准，展示查阅结果；

② 解读国家标准、检验意义、步骤、方法、相关原理；

③ 根据国标制定检验方案，设计相关表格，列出工具与材料；

④ 根据检验方案实施检验，提交检验结果；

⑤ 成果材料整理与提交。

4.3.3 问题与思考

① 简述离心机的操作规程。

② 离心机使用注意事项有哪些？

③ 离心检验时，转速越快，时间越久，是否表明该化妆品稳定性越好？

④ 如果该项指标不合格，怎么复检？

4.4 洗面奶的耐热、耐寒试验指标检验与品质判断（自主项目）

4.4.1 工作任务书

"洗面奶的耐热、耐寒试验检验与品质判断"工作任务书见表 4-9。

表 4-9 “洗面奶的耐热、耐寒试验检验与品质判断”工作任务书

工作任务	某批次洗面奶的出厂检验(理化指标——耐热、耐寒部分)		
任务情景	企业乙为企业甲加工生产若干批洗面奶,企业乙完成了某批次的加工任务,在准备向企业甲交货前进行出厂前检验		
任务描述	完成该批次洗面奶耐热、耐寒指标检验,并根据实际检验结果作出该批次产品的质量判断(耐热、耐寒指标部分)		
目标要求	(1)能按要求完成耐热、耐寒指标检验的全过程 (2)能根据检验结果对产品质量作出初步评价判断		
任务依据	QB/T 1645—2004、QB/T 1684—2006		
学生角色	企业乙的质检部员工	项目层次	自主项目
成果形式	项目实施报告(包括洗面奶耐热、耐寒指标检验意义、步骤、方法;实施过程的原始材料:领料单、采样及样品交接单、产品留样单、原始记录单;问题与思考)		
备注	成果材料要求制作成规范的电子文档打印上交或上传课程网站,原始记录要求表格事先设计,数据现场记录(上传课程网站的原始记录表以原始件影印形式编入电子文档)		

4.4.2 项目实施基本要求

① 查阅相关国家标准,展示查阅结果;

② 解读国家标准、检验意义、步骤、方法、相关原理;

③ 根据国标制定检验方案,设计相关表格,列出工具与材料;

④ 根据检验方案实施检验,提交检验结果;

⑤ 成果材料整理与提交。

4.4.3 问题与思考

① 简述恒温培养箱的标准操作规程。

② 耐热、耐寒不正常通常由哪些原因造成?

③ 耐寒、耐热检验观察时是否应恢复室温再进行观察?

④ 如果洗面奶的耐热、耐寒不达标,对成品会有什么影响?

4.5 润肤霜膏的理化指标检验与品质判断(自主项目)

4.5.1 工作任务书

“润肤霜膏的理化指标检验与品质判断”工作任务书见表 4-10。

表 4-10 “润肤霜膏的理化指标检验与品质判断”工作任务书

工作任务	某批次美容日霜的理化指标检验		
任务情景	化妆品生成企业生产若干批美容日霜,企业完成生产任务准备投放市场前,对产品进行出厂前检验		
任务描述	完成该批次美容日霜理化指标的检验,并根据实际检验结果作出该批次产品的质量判断		
目标要求	(1)能正确、独立地完成日霜理化指标检验操作的全过程 (2)能根据理化检验指标对产品质量进行正确的判断(初步)		
任务依据	QB/T 1857—2004、GB/T 13531.1—2000、CCGF 211.2—2008		
学生角色	企业的质检部员工	项目层次	自主项目
成果形式	1. 美容日霜理化指标的检验方案(电子文稿) 2. 检验方案实施过程的原始材料:准备单(领料单)、采样及样品交接单、产品留样单、原始记录单、美容日霜理化指标检验报告单 3. 问题与思考的结论		
备注	成果材料要求制作成规范的电子文档打印上交或上传课程网站,原始记录要求表格事先设计,数据现场记录(上传课程网站的原始记录表以原始件影印形式编入电子文档)		

4.5.2 项目实施基本要求

① 查阅相关国家标准，展示查阅结果；

② 解读国家标准、检验意义、步骤、方法、相关原理；

③ 根据国标制定检验方案，设计相关表格，列出工具与材料；

④ 根据检验方案实施检验，提交检验结果；

⑤ 成果材料整理与提交。

4.5.3 问题与思考

① 润肤霜膏有 W/O 和 O/W 两种类型，测量的时候有什么异同点？

② 润肤霜膏的主要成分有哪些？

③ 润肤霜膏需要检验哪些理化指标？

④ 如果该项指标不合格，怎么复检？

4.6 举一反三（拓展项目）

——请学员自选一种化妆品并完成对其理化指标检验与品质判断。

要求：

① 自拟任务书和检验方案；

② 自主完成检验，提交完整原始材料；

③ 完成检验报告，作出产品品质评判。

4.7 教学资源

4.7.1 相关知识技能要点

4.7.1.1 不同化妆品的理化指标

化妆品种类繁多，不同种类的化妆品根据自身的特点及用途，还要进行不同理化指标的检验，如泡沫力、牢固度、染色力等。现摘录部分见表 4-11～表 4-13。

表 4-11 雪花膏的理化质量指标

项　目	要　求
pH 值	4.0～8.5(含有粉质雪花膏≤9.0)
耐热	40℃保持 24h,恢复至室温后无油水分离现象
耐寒	－5～－15℃保持 24h,恢复至室温后膏体无油水分离现象

表 4-12 洗面奶的理化质量指标

项　目	要　求
pH 值	4.0～8.5(含有粉质雪花膏≤9.0)
黏度(25℃)/Pa・s	标准值±2.0
离心分离	2000r/min,24h,30min 无油水分离(颗粒沉淀除外)
耐热	(40±1)℃保持 24h,恢复至室温后无油水分离现象
耐寒	－10～－5℃保持 24h,恢复至室温后膏体无油水分离现象

表 4-13 香水和古龙水的理化质量指标

项　目	要　求
相对密度(20℃/20℃)	规定值±0.02
浊度	5℃水质清晰,不浑浊
色泽稳定性	(48±1)℃保持 24h,维持原有色泽不变

4.7.1.2 pH 计的测定原理

是以 pH 玻璃电极为指示电极，饱和甘汞电极为参比电极与待测液组成工作电池。

电池表示：一)pH 玻璃电极｜试液(pH=x)‖饱和甘汞电极(+

该电池的电动势为：$E=k+\frac{2.303RT}{F}pH_{试}$

在 25℃时，电池的电动势为：$E=k+0.059pH_{试}$

式中，k 在一定条件下是一常数。可见电池电动势在一定条件下与溶液的 pH 值呈线性关系。用电位法测定水的 pH 值，是采用 pH 玻璃电极作指示电极，用甘汞电极作参比电极，插于水中，组成工作电池。由于甘汞电极的电位保持相对稳定。而 pH 玻璃电极的电位随水溶液中［H^+］的变化而变化（在 25℃时，pH 每改变 1 个单位，电位相应改变 59.2mV)。利用一定电路系统将信号放大后，就可以从微安表上检测出来。

4.7.1.3 pH 计操作步骤（两点法校正）

① 先把电极用蒸馏水清洗，用滤纸吸干（请勿擦拭，因擦拭将产生静电，影响稳定性)，插入 pH6.86 的标准缓冲溶液中，用温度计测量溶液温度，然后，调“温度补偿”旋钮到与溶液相同温度的刻度上。轻轻摇动溶液，稍待其读数稳定后，调“定位”旋钮，使仪器示值为该缓冲溶液在此温度下的 pH 值。

② 取出插在 pH6.86 缓冲溶液中的电极，用蒸馏水清洗，吸干后插入 pH 值为 4.00 或 9.18 的 pH 缓冲溶液。调节“斜率”旋钮，使仪器示值为 4.00pH 或 9.18pH。

注意：究竟是选用 9.18pH 来调“斜率”，还是选用 4.00pH 来调“斜率”，取决于被测溶液是偏酸性还是碱性。若是酸性，则用 4.00pH 来校“斜率”，若是碱性，则用 9.18pH 来校正。

③ 重复上述程序，使仪器示值与两种缓冲溶液的 pH 值完全相符。

④ 仪器校正完毕，用水清洗电极，吸干，插入待测溶液中，待 pH 值读数稳定，记录读数即可。

不同温度时各标准缓冲溶液的 pH 值如表 4-2 所示。

4.7.1.4 pH 玻璃电极的检查与维护

(1) pH 玻璃电极的检查

① 把 pH 玻璃电极与参比电极放入 pH7.00 的标准缓冲溶液中，当参比电极用甘汞电极时，毫伏计读数应为 0+/－30mV；用 Ag/AgCl 电极作参比电极时，读数应为 0+/－80mV。

② 放入 pH4.00 的缓冲溶液中，读数应大于 160mV。

③ 以玻璃电极为指示电极，甘汞电极为参比电极时，在 25℃时 pH 值变化 1 个单位，其电位差的变化为 59mV。

④ 如果读数与上述范围不符，应进行清洗。

(2) pH玻璃电极的维护

① 如果电极上粘有油污，可用浸有四氯化碳或丙酮的棉花轻擦。然后放入0.1mol/L HCl溶液中浸洗12h，再用蒸馏水反复冲洗；

② 平时常用的pH电极，短期内放在pH4.00缓冲溶液中或浸泡在蒸馏水中即可。长期存放，用pH7.00缓冲溶液或套上橡皮帽放在盒中。

4.7.1.5 离心机操作步骤

离心机是借离心力分离液相非均一体系的设备（见图4-4)。根据物质的沉降系数、质量、密度等的不同，应用强大的离心力使物质分离、浓缩和提纯的方法称为离心。一般来说，离心机转速在20000r/min以上的称为超速离心。离心技术，特别是超速离心技术是分子生物学、生物化学研究和工业生产中不可缺少的手段。离心机操作步骤如下：

图4-4 离心机

① 离心机应放置在水平坚固的地板或平台上，并力求使仪器处于水平位置，以免离心时造成仪器振荡。

② 打开电源开关，将预先平衡好的样品对称放置于转头的样品架上，关闭机盖。

③ 旋动定时旋钮设定离心时间，缓慢旋转转速调节旋钮使仪器转速达到预定要求。

④ 离心完毕后，将转速调节旋钮调回零位，关闭电源开关。

⑤ 待离心机完全停止转动时打开机盖，取出离心样品，再次关闭机盖结束离心。

4.7.1.6 离心机维护保养

① 离心室的清洁：为了避免样本等残留物的污染，应经常对离心机外壳和离心室进行清洁处理。对离心室清洁，应先打开离心机盖，拔掉电源线，用专用设备将离心机转头旋下，再用75%酒精清洁离心室。

② 转头的清洁：转头会被样本残留物污染，也可能会被某些化学试剂腐蚀，因此应对转头每月进行清洁维护。

③ 离心完毕后，应及时用干的软布拭去离心室的冷凝水（此步仅适用于低温离心机)。

④ 离心结束后，打开离心机盖，然后关机。

4.7.1.7 离心机应急处理

如果离心时发现离心管破裂，必须先停止实验，将破裂管密封放入生物垃圾桶，再用75%酒精进行擦拭消毒，如必要需用移动紫外灯照射30～60min后才能开始实验。

4.7.1.8 离心机使用注意事项

① 离心机应始终处于水平位置，与外接电源电压匹配，并要求有良好的接地线。

② 开机前应检查机腔内有无异物掉入。

③ 样品应预先平衡，使用离心机微量离心时离心套管与样品应同时平衡。

④ 挥发性或腐蚀性液体离心时，应使用带盖的离心管，并确保液体不外漏，以免侵蚀机腔或造成事故。

⑤ 每次操作完毕，应做好使用情况记录，应定期对机器各项性能进行检修。

⑥ 离心过程中若发现异常现象，应立即关闭电源，报请有关技术人员检修。

⑦ 定期清洁机腔。

⑧ 使用离心机时遵守左右手分开原则，只以右手操作仪器。

⑨ 使用冷冻离心机时，除注意以上各项外，还应注意擦拭机腔的动作要轻柔，以免损坏机腔内温度传感器。

4.7.1.9 水在不同温度下的密度

水在不同温度下的密度见表 4-14。

表 4-14 水在不同温度下的密度

温度/℃	密度/(g/mL)	温度/℃	密度/(g/mL)	温度/℃	密度/(g/mL)	温度/℃	密度/(g/mL)
1	0.99824	11	0.99832	21	0.99700	31	0.99464
2	0.99832	12	0.99823	22	0.99680	32	0.99434
3	0.99839	13	0.99814	23	0.99660	33	0.99406
4	0.99844	14	0.99804	24	0.99638	34	0.99375
5	0.99848	15	0.99793	25	0.99617	35	0.99345
6	0.99851	16	0.99780	26	0.99593	36	0.99312
7	0.99850	17	0.99765	27	0.99569	37	0.99280
8	0.99848	18	0.99751	28	0.99544	38	0.99246
9	0.99844	19	0.99734	29	0.99518	39	0.99212
10	0.99839	20	0.99718	30	0.99491	40	0.99177

4.7.1.10 密度计

密度计是一种测量液体密度的仪器。它是根据物体浮在液体中所受的浮力等于重力的原理设计与制造的。密度计是一根粗细不均匀的密封玻璃管，管的下部装有少量密度较大的铅丸或水银。使用时将密度计竖直地放入待测液体中，待密度计平稳后，从它的刻度处读出待测液体的密度。常用密度计有两种，一种测密度比纯水大的液体密度，叫重表；另一种测密度比纯水小的液体，叫轻表。密度计使用的注意事项如下：

① 首先估计所测液体密度值的可能范围，根据所要求的精度选择密度计。

② 仔细清洗密度计，测液体密度时，用手拿住干管最高刻线以上部位，垂直取放。

③ 容器要清洗后再慢慢倒进待测液体中，并不断搅拌，使液体内无气泡后，再放入密度计。密度计浸入液体部分不得附有气泡。

④ 密度计使用前要洗涤清洁，密度计浸入液体后，若弯月面不正常，应重新洗涤密度计。

⑤ 读数时以弯月面下部刻线为准。读数时密度计不得与容器壁、底以及搅拌器接触。对不透明液体，只能用弯月面上缘读数法读数。

4.7.1.11 普通密度瓶的操作步骤

(1) 称重 先把密度瓶洗干净，再依次用乙醇、乙醚洗涤，烘干并冷却后，精密称重。

(2) 称样液 装满样液，盖上瓶盖，置 20℃ 水浴中浸 0.5h，使内容物的温度达到 20℃，用滤纸条吸去支管标线上的样液，盖上侧管帽后取出。用滤纸把瓶外擦干，置天平室内 30min 后称重。

(3) 称蒸馏水 将样液倾出，洗净密度瓶，装入煮沸 30min 并冷却到 20℃以下的蒸馏水，按上述方法操作。测出同体积蒸馏水的质量。

4.7.1.12 化妆品稳定性检验项目

耐热、耐寒性是膏霜、乳液和液状化妆品基本且十分重要的稳定性指标。各类化妆品的剂型不同，其稳定性试验的操作也不同。耐寒试验目的是考核产品的耐寒性能，耐热试验目的是考核产品的耐热性能，离心试验目的是检验乳液状化妆品寿命的试验，色泽稳定性试验是检验有颜色的化妆品色泽是否恒定。

一般化妆品稳定性评价的实验条件为：

① 在40℃下存放1、3、6个月，分别观察其稳定性；

② 在−5℃及40℃下循环存放3次，分别每次存放24h，观察其稳定性；

③ −5℃下存放一周，观察其稳定性；

④ 在300r/min下离心1h（乳液），3000r/min下离心30min，10000r/min下离心10min，观察其稳定性。

4.7.2 相关企业资源（引自企业的相关规范、资料、表格）

相关企业资源举例见表4-15。

表4-15 ×××有限公司成品检验记录

产品名称		生产日期	
产品批号		生产数量	
抽样日期		抽样人	
检验依据			
指标名称	指标要求	指标记录	实测值
外观			
色泽			
香气			
清晰度			
pH值(25℃)			
黏度(25℃)/Pa·s			
泡沫(40℃)/mm			
耐热	____℃,24h,恢复至室温,无异味,无分层和变色现象		
耐寒	____℃,24h,恢复至室温,无沉淀和变色现象		
离心分离	2000r/min,30min,无油水分离现象		
菌落总数			
粪大肠菌群	不得检出		
铜绿假单胞菌	不得检出		
金黄色葡萄球菌	不得检出		
霉菌和酵母菌			
检验结论			

批准人： 审核人： 检验人： 批准日期： 审核日期： 检验日期

4.8 本章中英文对照表

序号	中文	英 文	序号	中文	英 文
1	理化指标	physical and chemical index	8	离心试验	centrifugal test
2	相对密度	relative density	9	洗面奶	facial cleaning milk
3	浊度	turbidity	10	玻璃电极	glass electrode
4	熔点	melting point	11	参比电极	reference electrode
5	黏度	viscosity	12	标准缓冲溶液	standard buffer solution
6	耐热	heat-resistance	13	花露水	florida water
7	耐寒	cold-resistance	14	密度瓶	density bottle

5 化妆品的常规卫生指标检验

随着社会生产的发展和经济的进步，人们的生活水平日益提高，对美的追求也不断增强，化妆品已成为生活的必需品。化妆品的卫生安全也备受关注，为此 1987 年我国第一部关于化妆品卫生质量的国家标准正式颁布。为适应形势的需要，2007 年卫生部印发了新版《化妆品卫生规范》（下简称《规范》）正式实施。该《规范》对化妆品的卫生要求、人体安全性和功效评价检验方法等内容作了修订和调整，以加强化妆品的监督管理，保持我国与国际化妆品标准的接轨。化妆品的常规卫生指标检验（test of cometic routine health index）包括化妆品中的汞（mercury）、砷（arsenic）、铅（lead）、甲醇（methanol）四种有害物质，这些物质通过化妆品与皮肤接触危害人体健康。本章以“冷原子吸收法测定汞”工作任务为载体，展现了化妆品常规卫生检验方案制定、检验方法和步骤、产品相关质量判定等的工作思路与方法，渗透了化妆品检验中涉及的化妆品类型、化妆品常规卫生指标检验与品质判断、取样与留样规则、检验报告形式及填写等系统的应用性知识。

5.1 冷原子吸收法测定汞（入门项目）

汞及其化合物都具有不同程度的毒性，可以通过皮肤渗入人体内，我国化妆品卫生标准中规定汞及其化合物不得作为化妆品的原料成分。在化妆品原料中汞作为杂质含量不得超过 1mg/kg，化妆品中汞含量一般很低，常用的检测方法有冷原子吸收法（cold atomic absorption）和氢化物原子荧光光度法（hydride generation-atomic fluorescence spectrometry）测汞。

5.1.1 工作任务书

“冷原子吸收法测定汞”工作任务书见表 5-1。

表 5-1 “冷原子吸收法测定汞”工作任务书

工作任务	某批次美白日霜的质量检验		
任务情景	质检所对企业美白日霜产品抽检结果为重金属指标汞超标，企业要求其质检部门追查原因，提出整改建议		
任务描述	对该批次美白日霜的重金属汞指标进行检验，并根据实际检验结果对该批次产品的卫生指标是否合格作出评价		
目标要求	(1)能正确、独立地完成重金属汞检验操作的全过程 (2)能根据汞指标对产品质量进行正确的判断（初步）		
任务依据	QB/T 1857—2004、《化妆品卫生规范》（2007 年版）		
学生角色	企业质检部门	项目层次	入门项目
成果形式	项目实施报告（包括美白日霜的重金属汞指标检验意义、步骤、方法；实施过程的原始材料：领料单、采样及样品交接单、产品留样单、原始记录单、检验报告单；问题与思考）		
备注	成果材料要求制作成规范的电子文档打印上交或上传课程网站，原始记录要求表格事先设计，数据现场记录（上传课程网站的原始记录表以原始件影印形式编入电子文档）		

5.1.2 工作任务实施导航

5.1.2.1 查阅相关国家标准

（1）查阅途径或方法　参见2.1.2.1（1）。

（2）查阅结果

① QB/T 1857—2004　润肤爽膏　skin care cream

②《化妆品卫生规范》（2007年版）　hygienic standard for cosmetics

5.1.2.2 标准及标准解读

（1）相关标准

① QB/T 1857—2004　润肤爽膏

1　范围

本标准规定了润肤膏霜的产品分类、要求、试验方法、检验规则和标志、包装、运输、贮存。本标准适用于滋润人体皮肤的具有一定稠度的乳化型膏霜。本标准自实施之日起，代替原轻工业部发布的轻工行业标准QB/T 1857—1993《雪花膏》和QB/T 1861—1993《香脂》。

2　产品分类　产品可分为水包油型（O/W型）[1]和油包水型（W/O型）[2]两类。

3　要求　卫生指标应符合下表的要求。使用的原料应符合卫法监发［2002］第229号规定[1]。

美白日霜卫生指标

项　目	要　求
汞[3]/(mg/kg)	≤1(含有机汞防腐剂的眼部化妆品除外)
铅/(mg/kg)	≤40
砷/(mg/kg)	≤10

4　卫生指标

按卫法监发［2002］第229号　化妆品卫生规范中规定的方法检验。

5　pH

按GB/T 13531.1中规定的方法测定（稀释法）。

6　净含量偏差

按JJF 1070—2000中6.1.1规定的方法测定。

7　包装

按QB/T 1685执行。

8　运输

应轻装轻卸，按箱子图示标志堆放。避免震动、撞击和日晒雨淋。

9　贮存

应贮存在温度不高于38℃的常温通风干燥仓库内，不得靠近水源、火炉或暖气。贮存时应距地面至少20cm，距内墙至少50cm，中间应留有通道。按箱子图示标志堆放，并严格掌握先进先出的原则。

10　保质期

在符合规定的运输和贮存条件下，产品在包装完整和未经启封的情况下，保质期按销售包装标注执行。

②《化妆品卫生规范》（2007年版）[4]

1　范围

本规范规定了化妆品原料及其终产品的卫生要求。本规范适用于在中华人民共和国境内销售的化妆品。

2　定义

化妆品是指以涂擦、喷洒或者其他类似的方法，散布于人体表面任何部位（皮肤、毛发、指甲、口唇等），以达到清洁、消除不良气味、护肤、美容和修饰目的的日用化学工业产品。

3 要求

化妆品中有毒物质不得超过下表中规定的限量。

美白日霜卫生指标

常见污染物	限度/(mg/kg)	备 注
汞	≤1	(含有机汞防腐剂的眼部化妆品除外)
铅	≤40	
砷	≤10	
甲醇	≤2000	

4 冷原子吸收法测定汞

Ⅰ. 方法提要：汞蒸气对波长为253.7nm的紫外光具特征吸收[5]。在一定的浓度范围内，吸收值与汞蒸气浓度成正比。样品经消解、还原处理，将化合态的汞转化为原子态汞，再以载气带入测汞仪测定吸收值，与标准系列比较定量。本方法对汞的检出限和定量下限分别为0.01μg和0.04μg，若取1g样品测定，检出浓度为0.01μg/g，最低定量浓度为0.04μg/g。

Ⅱ. 试剂

a. 优级纯硝酸、硫酸、盐酸，分析纯过氧化氢（30%），分析纯五氧化二钒。

b. 盐酸羟胺溶液（120g/L）：称取盐酸羟胺12.0g和氯化钠12.0g，溶于100mL水中。

c. 氯化亚锡溶液（200g/L）：称取氯化亚锡20g，置于250mL烧杯中，加入盐酸20mL，必要时可略加热促溶，全部溶解后，加水稀释至100mL。

d. 重铬酸钾溶液（100g/L）：称取重铬酸钾10g，溶于100mL水中。

e. 重铬酸钾-硝酸溶液：取上述重铬酸钾溶液5mL，加入硝酸50mL，用水稀释至1L。

f. 汞标准溶液［$\rho(Hg)=100mg/L$］：称取氯化汞（$HgCl_2$）0.1354g，置于100mL烧杯中，加入重铬酸钾-硝酸溶液溶解。移入1000mL容量瓶中，用重铬酸钾-硝酸溶液稀释至刻度。

g. 汞标准溶液［$\rho(Hg)=10mg/L$］：取100mg/L汞标准溶液10.0mL，置于100mL容量瓶中，用重铬酸钾-硝酸溶液稀释至刻度。可保存一个月。

h. 汞标准溶液［$\rho(Hg)=1mg/L$］：取10mg/L汞标准溶液10.0mL，置于100mL容量瓶中，用重铬酸钾-硝酸溶液稀释至刻度。临用前配制。

i. 汞标准溶液［$\rho(Hg)=0.1mg/L$］：取1mg/L汞标准溶液10.0mL，置于100mL容量瓶中，用重铬酸钾-硝酸溶液稀释至刻度。

Ⅲ. 仪器：50mL比色管；100mL锥形瓶；250mL圆底烧瓶；水浴锅；冷原子吸收测汞仪[6]；汞蒸气发生器[7]。

Ⅳ. 样品预处理（可任选一种）

a. 湿式回流消解法。准确称取混匀试样约1.00g，置于250mL圆底烧瓶中。随同试样做试剂空白。样品如含有乙醇等有机溶剂，先在水浴或电热板上低温挥发（不得干涸）。

加入硝酸[8]30mL、水5mL、硫酸5mL及数粒玻璃珠。置于电炉上，接上球形冷凝管[9]，通冷凝水循环。加热回流消解2h。消解液一般呈微黄色或黄色。从冷凝管上口注入水10mL，继续加热10mim，放置冷却。用预先用水湿润的滤纸过滤消解液，除去固形物。对于含油脂蜡质多的试样，可预先将消解液冷冻，使油脂蜡质凝固。用蒸馏水洗滤纸数次，合并洗涤液于滤液中。加入盐酸羟胺溶液1.0mL，用水定容至50mL，备用。

b. 湿式催化消解法。准确称取混匀试样约1.00g，置于100mL锥形瓶中。随同试样做试剂空白。样品如含有乙醇等有机溶剂，先在水浴或电热板上低温挥发（不得干涸）。

加入五氧化二钒50mg、硝酸7mL，置沙浴或电热板上用微火加热至微沸。取下放冷，加硫酸5.0mL，于锥形瓶口放一小玻璃漏斗，在135～140℃下继续消解并于必要时补加少量硝酸，消解至溶液呈现透明蓝绿色或橘红色。冷却后，加少量水继续加热煮沸约2min以驱赶二氧化氮。加入盐酸羟胺溶液1.0mL，用水定容至 50mL，备用。

c. 浸提法（只适用于不含蜡质的化妆品）。准确称取混匀试样约 1.00g，置于 50mL 具塞比色管中，随同试样做试剂空白。样品如含有乙醇等有机溶剂，先在水浴或电热板上低温挥发（不得干涸）。

加入硝酸 5.0mL、30%过氧化氢 2mL，混匀。如样品产生大量泡沫，可滴加数滴辛醇。于沸水浴中加热 2h，取出，加入盐酸羟胺溶液 1.0mL，放置 15～20min，加入 10%硫酸，用水定容至 25mL，备用。

d. 微波消解法[10,11]。准确称取混匀试样约 0.5～1g 于清洗好的聚四氟乙烯溶样杯内。含乙醇等挥发性原料的化妆品如香水、摩丝、沐浴液、染发剂、精华素、刮胡水、面膜等，先放入温度可调的 100℃恒温电加热器或水浴上挥发（不得蒸干）。油脂类和膏粉类等干性物质，如唇膏、睫毛膏、眉笔、胭脂、唇线笔、粉饼、眼影、爽身粉、痱子粉等，取样后先加 0.5～1.0mL 水，润湿摇匀。

根据样品消解难易程度，样品或经预处理的样品，先加入硝酸 2.0～3.0mL，静置过夜。然后再加入 30%过氧化氢 1.0～2.0mL，将溶样杯晃动几次，使样品充分浸没。放入沸水浴或温度可调的恒温电加热设备中 100℃加热 20min 取下，冷却。如溶液的体积不到 3mL 则补充水。同时严格按照微波溶样系统操作手册进行操作。

把装有样品的溶样杯放进预先准备好的干净的高压密闭溶样罐中，拧上罐盖（注意：不要拧得过紧）。

下表为一般化妆品消解时压力-时间的程序。如果化妆品是油脂类、中草药类、洗涤类，可适当提高防爆系统的灵敏度，以增加安全性。

消解时压力-时间程序

压力挡	压力/MPa	保压累加时间/min
1	0.5	1.5
2	1.0	3.0
3	1.5	5.0

根据样品消解难易程度可在 5～20min 内消解完毕，取出冷却，开罐，将消解好的含样品的溶样杯放入沸水浴或温度可调的 100℃电加热器中数分钟，驱除样品中多余的氮氧化物，以免干扰测定。

将样品移至 10mL 具塞比色管中，用水洗涤溶样杯数次，合并洗涤液，加入盐酸羟胺溶液 0.5mL，用水定容至 10mL，备用。

Ⅴ. 测定

a. 移取汞标准溶液［$\rho(Hg)=0.1mg/L$］0、0.10、0.30、0.50、0.70、1.00、2.00mL，适量样品溶液和空白溶液，置于 100mL 锥形瓶或汞蒸气发生瓶中，用 10%硫酸定容至一定体积。

b. 按仪器说明书调整好测汞仪。将标准系列、空白和样品逐个加至汞蒸气发生瓶中，加入氯化亚锡溶液 2mL 迅速塞紧瓶塞。开启仪器气阀，待指示达最高读数时，记录读数。绘制校准曲线或计算回归方程，从曲线上查出样品中汞的含量。

Ⅵ. 分析结果的计算：按下式计算汞浓度：

$$Hg(\mu g/g)=\frac{(m_1-m_0)V}{mV_1}$$

式中 m_1——测试溶液中汞的质量，μg；

m_0——空白溶液中汞的质量，μg；

V——样品消化液的总体积，mL；

V_1——分取样品消化液的体积，mL；

m——样品取样量，g。

（2）标准的相关内容解读

［1］水包油型（O/W 型） 表面活性剂用语，常用符号 O/W 来表示，指乳化剂存在的一种形式。在化妆品中，水包油时主要功能基团是亲水型，其性质主要表现为水的性质，一

般称为“露”。如洗发露、嫩肤露等。

[2] 油包水型（W/O 型） 油包水是乳化剂的一种形式，油包水的表面活性剂其主要性质为亲油性，即憎水。在化妆品中，被称为“霜”，如嫩白霜、晚霜等。

[3] 汞 Hg，相对原子质量 200.6，相对密度 13.55，熔点－38.8℃，沸点 359.6℃。汞是常温下唯一的液态金属，呈银白色，具有金属光泽，故俗称为水银。汞常温中即有蒸发。汞中毒（mercury poisoning）以慢性为多见，主要发生在生产活动中，长期吸入汞蒸气和汞化合物粉尘所致。以精神-神经异常、齿龈炎、震颤为主要症状。大剂量汞蒸气吸入或汞化合物摄入即发生急性汞中毒。

[4] 卫法监发［2002］第 229 号《化妆品卫生规范》技术内容上与欧盟、美国等地的管理要求存在明显差距，随着时间推移不能适应化妆品卫生监督工作的需要。为此卫生部印发《化妆品卫生规范》(2007 年版)，决定自 2007 年 7 月 1 日起实施，以加强化妆品的监督管理，保持我国与国际化妆品标准的接轨。

[5] 特征吸收 为使汞蒸气对波长 253.7nm 光线特征吸收，采用汞空心阴极灯为光源，发射汞的特征谱线，使在一定范围内，其浓度和吸光度成正比，进而定量。

[6] 冷原子吸收测汞仪 如图 5-1 所示，原理是基于元素汞在室温下可挥发成汞蒸气，并对波长 253.7nm 的紫外线具有特征吸收，在一定的范围内，汞的浓度和吸收值成正比，符合比耳定律。冷原子吸收测汞仪适用于环境监测、卫生防疫、自来水、化工等行业用于测量水、空气、土壤、食品、化妆品、化工原料中的汞含量。

[7] 汞蒸气发生器 如图 5-2 所示，用来生成一定浓度的汞蒸气。

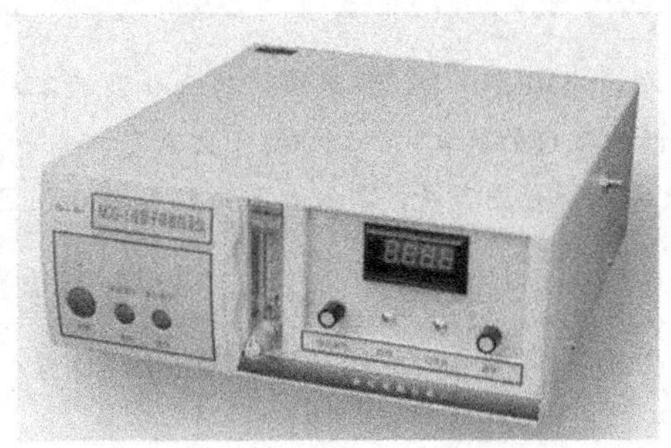

图 5-1 冷原子吸收测汞仪

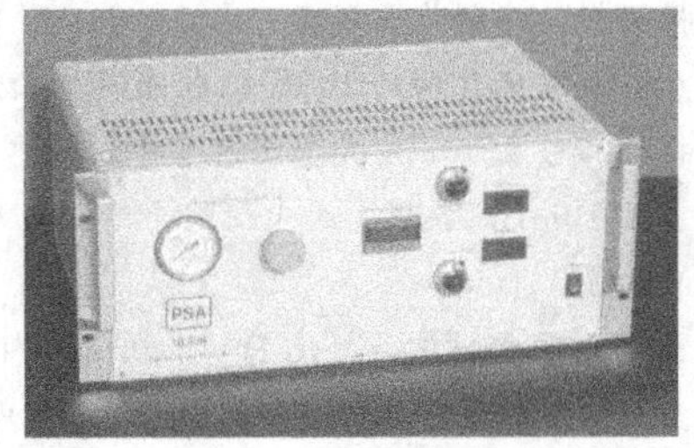

图 5-2 汞蒸气发生器

[8] 样品中含有碳酸盐类的粉剂，在加酸时应缓慢加入，以防止二氧化碳气体产生过于猛烈。

[9] 湿式回流消解法冷凝水走向 冷凝水应从冷凝管下端进入，上端排出，注意调节适当的水流速度。

图 5-3 微波消解仪

[10] 微波消解仪（见图 5-3）操作步骤

a. 检查仪器运行正常，检查转子是否干净，容器已经清洗。

b. 称样，称样量内插罐≤0.1g，内罐≤0.5g。

c. 在通风橱中，加消解用试剂，单用内罐时总试剂量要求至少 8mL，内插罐一般 2mL 以内。盖好盖，插入外罐中，放上安全弹簧片，再放入转子架中，架子定位到工作台上，用力矩扳手旋转架上螺钉，听到一声“嘎”，表示到位。为了保证转子能稳定旋转，在消解较少瓶样品时，可放入空架到转台上。主控罐插入温度传感器后放在架台的1号位置，并连接。确认温度传感器不会扭曲。再连接压力感受器。

d. 关上门，根据样品编写或者调出程序。按START，开始程序。

e. 结束后，可用水快速冷却，或自然冷却。一般情况下温度到45℃以下时开盖。

f. 清洗容器。

[11] 微波消解仪注意事项

a. 注意微波运行正常：如果压力设定为1挡，从微波加热开始到表中1挡设定压力的时间超过1min，应立即切断微波，检查溶样罐是否有泄漏或者消解样体积不够。

b. 防止消解罐损坏：消解罐局部表面曾被污染后，或消解罐内尚残余微量水分，在微波作用下，将使消解罐局部发热；或压力不足造成过长加热时间，这些均可使消解罐局部温度超过其耐温的极限而软化甚至融化。此时，罐内外的压力差就使罐的局部变形（如鼓包）或炸裂。在加压过程中，显示屏数字不但不上升，反而不动或下降，也应立即关掉微波，防止烧坏溶样罐（见图5-4）。检查溶样杯密封是否完好；溶样罐中是否忘了垫块；溶样罐盖内的弹性体是否已失效。

图5-4 溶样罐

c. 微波加热结束后，不要急于打开炉门，应先关掉微波开关再空转2min，目的是排除炉内的氮氧化物，并使罐内压力下降，待2min结束后可开启炉门，取出溶样罐，置于通风橱中冷却，待冷却到反光板恢复原形，此时罐内基本没有压力，才可取出溶样杯。

5.1.2.3 根据国标制订检验方案

（1）采样与留样　根据样品量，设计抽样方案，具体参见3.1.2.3（1），并填写样品留样标签和留样室档案记录表。

（2）测定与记录　湿式回流消解法处理样品2份，同时做空白试验，配制系列汞标准溶液，按仪器说明书调整好测汞仪。将标准系列、空白和样品逐个加至汞蒸气发生瓶中，加入氯化亚锡溶液2mL后迅速塞紧瓶塞。开启仪器气阀。待指示达最高读数时，记录读数。绘制标准曲线或计算回归方程，从曲线上查出样品中汞的含量。数据记录于表5-2。

（3）填写成品检验单和检验报告　填写成品检验单（表5-3）和检验报告。

5.1.3 问题与思考

① 化妆品常规卫生指标检验包括哪些项目？为什么要规定这些项目？

② 化妆品中汞含量测定有哪些方法？原料中汞的限度是多少？

③ 样品预处理的方法有哪些？如何选用合适的处理方法？

④ 冷原子吸收法的测定原理是什么？仪器的主要组成部分有哪些？

表 5-2 汞含量测定原始记录表

称样量 m/g	1.	样品溶液总体积 V/mL		
	2.	分取样品溶液体积 V_1/mL		
汞标准系列/μg	测定值	空白测定值	样品测定值	
0.00 0.01 0.03 0.05 0.07 0.10 0.20			1	2
		计算结果/(μg/g)		
回归方程		平均值/(μg/g)		
相关系数		极差		

表 5-3 成品检验单

成品名称			成品编号		
规格			出库处		
生产日期		制造编号		检验者	
半成品生产日期		检验编号		取样者	
取样量		取样地点		取样方法	
No.	检验项目	标准规定	实测数据	单项评价	
1～6	感官理化指标(略)	略	—	—	
7	汞/(mg/kg)	≤1			
8	铅/(mg/kg)	≤40	—	—	
9	砷/(mg/kg)	≤10	—	—	

⑤ 原子吸收光谱仪的主要处理样品的方法还有哪些?

⑥ 实验中哪些因素会带来误差?

5.2 氢化物原子荧光光度法测定汞(自主项目)

5.2.1 工作任务书

"氢化物原子荧光光度法测定汞"工作任务书见表 5-4。

5.2.2 项目实施基本要求

① 查阅相关国家标准，展示查阅结果；

② 解读国家标准、检验意义、步骤、方法和相关原理；

③ 根据国标制定检验方案，设计相关表格，列出工具与材料；

④ 根据检验方案实施检验，提交检验结果；

⑤ 成果材料整理与提交。

5.2.3 问题与思考

① 氢化物原子荧光光度法测定汞的原理是什么?

② 实验需要哪些试剂和仪器?

表 5-4 “氢化物原子荧光光度法测定汞”工作任务书

工作任务	某批次美白日霜的重金属汞指标检验与品质判断		
任务情景	质检所对企业美白日霜产品抽检结果为重金属指标汞超标，企业要求其质检部门追查原因，提出整改建议		
任务描述	对该批次美白日霜的重金属汞指标进行检验，并根据实际检验结果对该批次产品的卫生指标是否合格作出评价		
目标要求	(1)能正确、独立完成重金属汞检验操作的全过程 (2)能根据汞指标对产品质量进行正确的判断(初步)		
任务依据	QB/T 1857—2004、《化妆品卫生规范》(2007 年版)		
学生角色	企业质检部门	项目层次	自主项目
成果形式	1. 美白日霜卫生指标汞的检验方案(电子文稿) 2. 检验方案实施过程的原始材料：准备单、采样及样品交接单、产品留样单、原始记录单、卫生指标汞检验报告单 3. 问题与思考		
备注	成果材料要求制作成规范的电子文档打印上交或上传课程网站，原始记录要求表格事先设计，数据现场记录(上传课程网站的原始记录表以原始件影印形式编入电子文档)		

③ 原子荧光光度计的操作规程有哪些？

④ 原始记录表如何设计？

⑤ 氢化物原子荧光光度法主要处理样品的方法有哪些？

⑥ 实验中哪些因素会带来误差？

5.3 氢化物原子吸收法测定砷（入门项目）

化妆品原料及生产过程中容易被砷污染，长期使用含砷高的化妆品可造成皮肤角质化和色素沉淀，头发变脆、脱落，严重者可患皮肤癌，所以我国卫生标准规定砷及其化合物为限用品。测定化妆品中砷的含量的方法有氢化物原子荧光光度法、分光光度法和氢化物原子吸收法。

5.3.1 工作任务书

“氢化物原子吸收法测定砷”工作任务书见表 5-5。

表 5-5 “氢化物原子吸收法测定砷”工作任务书

工作任务	某批次美白日霜的砷含量检验与品质判断		
任务情景	质检所对企业美白日霜产品抽检结果为砷含量超标，企业要求其质检部门追查原因，提出整改建议		
任务描述	对该批次美白日霜的砷含量进行检验，并根据实际检验结果对该批次产品的卫生指标是否合格作出评价		
目标要求	(1)能正确、独立完成砷含量检验操作的全过程 (2)能根据砷含量对产品质量进行正确的判断(初步)		
任务依据	QB/T 1857—2004、《化妆品卫生规范》(2007 年版)		
学生角色	企业质检部门	项目层次	入门项目
成果形式	1. 美白日霜砷含量的检验方案(电子文稿) 2. 检验方案实施过程的原始材料：准备单、采样及样品交接单、产品留样单、原始记录单、卫生指标砷检验报告单 3. 问题与思考		
备注	成果材料要求制作成规范的电子文档打印上交或上传课程网站，原始记录要求表格事先设计，数据现场记录(上传课程网站的原始记录表以原始件影印形式编入电子文档)		

5.3.2 工作任务实施导航

5.3.2.1 查阅相关国家标准

（1）查阅途径或方法　参见 2.1.2.1（1）。

（2）查阅结果

① QB/T 1857—2004　润肤爽膏　skin care cream

②《化妆品卫生规范》（2007 年版）

5.3.2.2 标准及标准解读

（1）相关标准

① QB/T 1857—2004　润肤爽膏　skin care cream

参见 5.1.2.2①。

②《化妆品卫生规范》（2007 年版）　hygienic standard for cosmetics

1　范围

本规范规定了化妆品原料及其终产品的卫生要求。本规范适用于在中华人民共和国境内销售的化妆品。

2　定义

化妆品是指以涂擦、喷洒或者其他类似的方法，散布于人体表面任何部位（皮肤、毛发、指甲、口唇等），以达到清洁、消除不良气味、护肤、美容和修饰目的的日用化学工业产品。

3　要求　化妆品中有毒物质不得超过下表中规定的限量。

美白日霜卫生指标

常见污染物	限度(mg/kg)	备　注
汞	≤1	（含有机汞防腐剂的眼部化妆品除外）
铅	≤40	
砷[1]	≤10	
甲醇	≤2000	

4　氢化物原子吸收法测定砷

方法提要：样品经预处理后，样品溶液中的砷在酸性条件下被碘化钾-抗坏血酸还原为三价砷，然后被硼氢化钠与酸作用产生的新生态氢还原为砷化氢，被载气导入加热的"T"形石英管原子化器而原子化，基态砷原子吸收砷空心阴极灯发射的特征谱线。在一定浓度范围内，吸光度与样品砷含量成正比。与标准系列比较定量。本方法最低检出限及定量下限分别为 1.7ng 和 5.7ng。若取 1g 样品，检出浓度和最低定量浓度分别为 0.17μg/g 和 0.57μg/g。

试剂：

a. 盐酸 [ϕ(HCl)＝10%]：取浓盐酸 10mL，加 90mL 水，混匀。

b. 碘化钾（150g/L）-抗坏血酸混合溶液（20g/L）：称取碘化钾 15g 和抗坏血酸 2g，加水溶解，稀释至 100mL。

c. 硼氢化钠溶液（5g/L）：称取氢氧化钠 0.5g 溶至 100mL 水中，加入硼氢化钠 0.5g 溶解后过滤，于塑料瓶内冰箱中保存。

d. 砷标准储备溶液 [ρ(As)＝1g/L]：称取经 150℃干燥 2h 的三氧化二砷（As_2O_3）0.6600g，溶于 100g/L 氢氧化钠溶液 10mL 中，滴加 2 滴酚酞指示剂，用硫酸（1＋9）[2] 中和至中性，加入硫酸（1＋9）10mL，转移至 500mL 容量瓶中，加水至刻度，混匀。

e. 砷标准溶液 [ρ(As)＝10mg/L]：移取砷标准储备溶液 1.00mL，置于 100mL 容量瓶中，加水至刻度，混匀。

f. 砷标准工作溶液 [ρ(As)＝1mg/L]：临用时移取砷标准溶液 10.0mL 于 100mL 容量瓶中，加水至刻度，混匀。

仪器：50mL 具塞比色管；具氢化物发生装置[3]的原子吸收分光光度计；恒温烤箱。

样品预处理（可任选一种）：

a. HNO_3-H_2SO_4 湿式消解法。准确称取混匀试样约 1.00g，置于 125mL 锥形瓶中，同时作试剂空白。样品如含乙醇等溶剂，称取样品后应预先将溶剂挥发（不得干涸）。加数粒玻璃珠，加入硝酸 10～20mL，放置片刻后，缓缓加热，反应开始后移去热源，稍冷后加入硫酸 2mL。继续加热消解，若消解过程中溶液出现棕色，可加少许硝酸消解，如此反复直至溶液澄清或微黄。放置冷却后加水 20mL，继续加热煮沸至产生白烟，将消解液定量转移至 50mL 具塞比色管中，加入碘化钾-抗坏血酸溶液 5mL，加水定容至刻度，放置 10min 后测定。

b. 干灰化法。准确称取混匀试样约 1.00g，置于 50mL 坩埚中，同时作试剂空白。加入氧化镁 1g，10%硝酸镁溶液 2mL，充分搅拌均匀，在水浴上蒸干水分后微火炭化至不冒烟。移入箱形电炉，在 550℃下灰化 4～6h。取出，向灰分中加少许水使润湿，然后用（1+1）盐酸 20mL 分数次溶解灰分，加入碘化钾-抗坏血酸溶液 5mL，加水定容至 50mL，放置 10min 后测定。

c. 压力消解罐消解法。准确称取混匀试样约 1.00g，置于聚四氟乙烯内胆中，同时作试剂空白。若样品含较多乙醇等溶剂，应预先于水浴上将溶剂挥发。加入硝酸 10～15mL，或硝酸 6mL 和过氧化氢 6mL，放置片刻，盖上聚四氟乙烯内盖，放入消解罐不锈钢筒体内，依次盖上不锈钢内盖、内垫和外盖，用拧紧手柄拧紧外盖。放入恒温烤箱内于 100℃烘 2h，升温至 140～150℃，加热 4h，放冷取出。将样品溶液转移至 50mL 烧杯中，用水洗涤内胆数次，合并洗涤液。加入 1mol/L 硫酸 5mL，在电热板上加热赶硝酸至产生白烟。放冷，加入水 20mL，转移至 50mL 容量瓶，加入碘化钾-抗坏血酸溶液 5mL，加水至刻度。放置 10min 后测定。

测定：

a. 绘制工作曲线。分别移取砷标准工作溶液 [ρ(As)＝1mg/L] 0、0.50mL、1.00mL、2.00mL、4.00mL 于 100mL 容量瓶中，用盐酸 [ϕ(HCl)＝10%] 稀释至刻度，此溶液分别含砷 0、5.0μg/L、10.0μg/L、20.0μg/L、40.0μg/L。按仪器说明书及下表要求调整好仪器及氢化物发生装置。

测定砷的参考分析条件

波长	通带	灯电流	负高压	增益	方式
193.7nm	0.4nm	1.5mA	588V	×2	峰面积
积分	载气	载气流量	C_2H_2/空气	硼氢化钠溶液	
9s	氮气	1.0L/min	1.0/5.0	2mL	

取各标准溶液 5mL 于氢化物反应瓶内，通载气驱赶气路中空气，使吸光度为零。关气，加入硼氢化钠溶液 2.0mL，通气，记录吸光度。放掉废液，洗涤。依次进行测定，绘制浓度-吸光度曲线。

b. 样品测定。移取样品溶液 0.5mL 及盐酸 [ϕ(HCl)＝10%] 4.5mL 至氢化物反应瓶内，按 a 步骤进行测定。从曲线上查出样品中砷的含量。

分析结果的计算：按下式计算砷浓度：

$$\text{As}(\mu g/g)=\frac{(\rho_1-\rho_0)\times V\times V_s}{m\times V_1}\times 10^{-3}$$

式中 ρ_1——测试溶液中砷的质量浓度，μg/L；

ρ_0——空白溶液中砷的浓度，μg/L；

V——样品溶液总体积，mL；

V_s——测定时移取标准溶液体积，mL；

V_1——测定时移取样品溶液体积，mL；

m——样品取样量，g。

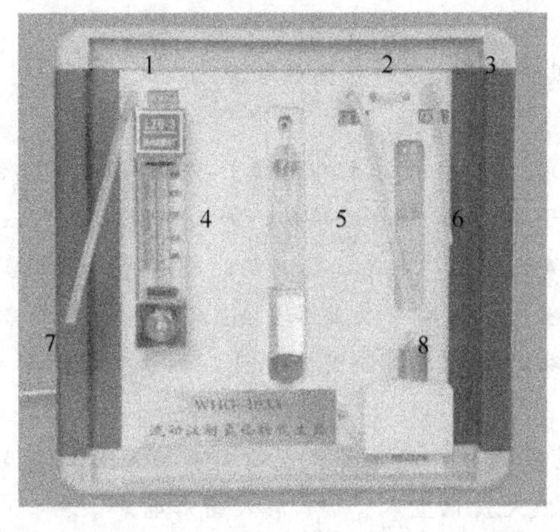

图 5-5　氢化物发生装置

1—硼氢化钾（KBH_4）吸入管；2—试样（标样）吸入管；3—载液吸入管（1%HCl）；4—流量计；5—气液分离管；6—稳流器呼吸管；7—废液排放管；8—启动键

（2）标准的相关内容解读

［1］砷　As，相对原子质量 74.92，相对密度 5.727，熔点 817℃，砷有时以单体形式存在，但主要以硫化物形式存在。砷的化合物还用于制造农药、防腐剂、染料和医药等。砷的素性与其化合物有关，无机砷氧化物及含氧酸是最常见的砷中毒的原因。长期使用含砷的化妆品，可造成皮肤色素异常，头发变脆、断裂，甚至引发皮肤癌等。

［2］硫酸（1＋9）　指体积比为 1 体积的浓硫酸加 9 体积的水。

［3］氢化物发生装置　如图 5-5 所示，用载气压力作为自动化能源，按下启动键，自动定量吸入 3 种溶液（硼氢化钾、试样、载液），吸满后发出读数信号，载带试样溶液的载液和硼氢化钾溶液开始稳流流动，会合后发生反应，生成物被载气带入气液分离管，混合气进入电热石英吸收管原子化器，废液自动排出，主机用峰高法读数，也可用峰面积法读数。日常维护及故障排除详见本章“5.10.1　相关知识技能要点”中相关内容。

5.3.2.3　根据国标制订检验方案

（1）采样与留样　根据样品量设计抽样方案，具体参见 3.1.2.3（1），并填写样品留样标签和留样室档案记录表。

（2）测定与记录　湿式消解法处理样品 2 份，同时做空白试验，配制系列砷标准溶液，按仪器说明书调整好仪器及氢化物发生装置。取各标准溶液 5mL 于氢化物反应瓶内，通载气驱赶气路中空气使吸光度为零。关气，加入硼氢化钠溶液 2.0mL，通气，记录吸光度。放掉废液，洗涤。依次进行测定，绘制浓度-吸光度曲线。移取样品溶液 0.5mL 及盐酸［ϕ(HCl)＝10%］4.5mL 至氢化物反应瓶内，按同样步骤进行测定。绘制标准曲线或计算回归方程，从曲线上查出样品中砷的含量。数据记录于表 5-6。

表 5-6　砷含量测定原始记录表

<table>
<tr><td rowspan="2">称样量 m/g</td><td>1.</td><td>样品溶液总体积 V/mL</td><td colspan="2"></td></tr>
<tr><td>2.</td><td>分取样品溶液体积 V_1/mL</td><td colspan="2"></td></tr>
<tr><td>砷标准系列/(μg/L)</td><td>测定值</td><td>分取标准溶液体积 V_s/mL</td><td colspan="2"></td></tr>
<tr><td rowspan="4">0.0
5.0
10.0
20.0
40.0</td><td rowspan="4"></td><td>空白测定值 ρ_0</td><td colspan="2">样品测定值 ρ_1</td></tr>
<tr><td rowspan="2"></td><td>1</td><td>2</td></tr>
<tr><td></td><td></td></tr>
<tr><td>计算结果/(μg/g)</td><td></td><td></td></tr>
<tr><td>回归方程</td><td></td><td>平均值/(μg/g)</td><td colspan="2"></td></tr>
<tr><td>相关系数</td><td></td><td>极差</td><td colspan="2"></td></tr>
</table>

（3）填写成品检验单和检验报告。

5.3.3 问题与思考

① 化妆品中砷含量测定有哪些方法？化妆品中砷限度是多少？

② 样品预处理的方法有哪些？如何选用合适的处理方法？

③ 如何配制砷标准工作溶液？为什么要这样配制？

④ 实验中哪些因素会带来误差？如何评判结果的好坏和可疑数据的取舍？

⑤ 硼氢化钠的作用是什么？

5.4 氢化物原子荧光光度法测定砷（自主项目）

化妆品原料及生产过程中容易被砷污染，长期使用含砷高的化妆品可造成皮肤角质化和色素沉淀，头发变脆、脱落，严重者可患皮肤癌，所以我国卫生标准规定砷及其化合物为限用品。测定化妆品中砷的含量的方法有氢化物原子荧光光度法、分光光度法和氢化物原子吸收法。

5.4.1 工作任务书

"氢化物原子荧光光度法测定砷"工作任务书见表 5-7。

表 5-7 "氢化物原子荧光光度法测定砷"工作任务书

工作任务	某批次美白日霜的砷指标检验与品质判断		
任务情景	质检所对企业美白日霜产品抽检结果为砷指标超标，企业要求其质检部门追查原因，提出整改建议		
任务描述	对该批次美白日霜的砷指标进行检验，并根据实际检验结果对该批次产品的卫生指标是否合格作出评价		
目标要求	(1)能正确、独立完成砷含量检验操作的全过程 (2)能根据砷含量对产品质量进行正确的判断(初步)		
任务依据	QB/T 1857—2004、《化妆品卫生规范》(2007 年版)		
学生角色	企业质检部门	项目层次	自主项目
成果形式	1. 美白日霜砷含量的检验方案(电子文稿) 2. 检验方案实施过程的原始材料：准备单、采样及样品交接单、产品留样单、原始记录单、卫生指标砷检验报告单 3. 问题与思考		
备注	成果材料要求制作成规范的电子文档打印上交或上传课程网站，原始记录要求表格事先设计，数据现场记录(上传课程网站的原始记录表以原始件影印形式编入电子文档)		

5.4.2 项目实施基本要求

① 查阅相关国家标准，展示查阅结果；

② 解读国家标准、检验意义、步骤、方法和相关原理；

③ 根据国标制定检验方案，设计相关表格，列出工具与材料；

④ 根据检验方案实施检验，提交检验结果；

⑤ 成果材料整理与提交。

5.4.3 问题与思考

① 氢化物原子荧光光度法测定砷的原理是什么？

② 实验需要哪些试剂和仪器？

③ 原子荧光光度计的操作规程有哪些？

④ 原始记录表如何设计？

⑤ 氢化物原子荧光光度法测定砷和氢化物原子吸收法测定砷操作的异同点有哪些？

⑥ 实验中哪些因素会带来误差？

5.5 分光光度法测定砷（自主项目）

测定化妆品中砷的含量方法有氢化物原子荧光光度法、分光光度法和氢化物原子吸收法。

5.5.1 工作任务书

“分光光度法测定砷”工作任务书见表 5-8。

表 5-8 “分光光度法测定砷”工作任务书

工作任务	某批次美白日霜的砷指标检验与品质判断		
任务情景	质检所对企业美白日霜产品抽检结果为砷指标超标，企业要求其质检部门追查原因，提出整改建议		
任务描述	对该批次美白日霜的砷指标进行检验，并根据实际检验结果对该批次产品的卫生指标是否合格作出评价		
目标要求	(1)能正确、独立完成砷含量检验操作的全过程 (2)能根据砷含量对产品质量进行正确的判断(初步)		
任务依据	QB/T 1857—2004、《化妆品卫生规范》(2007 年版)		
学生角色	企业质检部门	项目层次	自主项目
成果形式	1. 美白日霜砷含量的检验方案(电子文稿) 2. 检验方案实施过程的原始材料：准备单、采样及样品交接单、产品留样单、原始记录单、卫生指标砷检验报告单 3. 问题与思考		
备注	成果材料要求制作成规范的电子文档打印上交或上传课程网站，原始记录要求表格事先设计，数据现场记录(上传课程网站的原始记录表以原始件影印形式编入电子文档)		

5.5.2 项目实施基本要求

① 查阅相关国家标准，展示查阅结果；

② 解读国家标准、检验意义、步骤、方法和相关原理；

③ 根据国标制定检验方案，设计相关表格，列出工具与材料；

④ 根据检验方案实施检验，提交检验结果；

⑤ 成果材料整理与提交。

5.5.3 问题与思考

① 分光光度法测定砷的原理是什么？

② 实验需要哪些试剂和仪器？

③ 分光光度计的操作规程有哪些？

④ 原始记录表如何设计？

⑤ 分光光度法测定砷和氢化物原子吸收法测定砷操作的异同点有哪些？

⑥ 实验中哪些因素会带来误差？

5.6 火焰原子吸收分光光度法测定铅（自主项目）

铅及其化合物均有剧毒，对所有生物均具有毒性作用，铅中毒能引起神经系统、血液系统、代谢和分泌系统、生殖系统等的病变。我国规定铅及其化合物为化妆品中的禁用物质，在化妆品中的含量（以铅计）不得超过 40mg/kg，但乙酸铅作为染发剂除外，其在染发剂中的含量必须不大于 1.0%，并在包装上注明。国标中测定化妆品中铅的方法有火焰原子吸收分光光度法、微分电位溶出法和双硫腙萃取分光光度法。

5.6.1 工作任务书

“火焰原子吸收分光光度法测定铅”工作任务书见表 5-9。

表 5-9 “火焰原子吸收分光光度法测定铅”工作任务书

工作任务	某批次美白日霜的铅含量检验与品质判断		
任务情景	质检所对企业美白日霜产品抽检结果为铅含量超标，企业要求其质检部门追查原因，提出整改建议		
任务描述	对该批次美白日霜的铅含量进行检验，并根据实际检验结果对该批次产品的卫生指标是否合格作出评价		
目标要求	(1)能正确、独立完成铅含量检验操作的全过程 (2)能根据铅含量对产品质量进行正确的判断(初步)		
任务依据	QB/T 1857—2004、《化妆品卫生规范》(2007 年版)		
学生角色	企业质检部门	项目层次	入门项目
成果形式	1. 美白日霜铅含量的检验方案(电子文稿) 2. 检验方案实施过程的原始材料：准备单、采样及样品交接单、产品留样单、原始记录单、卫生指标铅检验报告单 3. 问题与思考		
备注	成果材料要求制作成规范的电子文档打印上交或上传课程网站，原始记录要求表格事先设计，数据现场记录(上传课程网站的原始记录表以原始件影印形式编入电子文档)		

5.6.2 项目实施基本要求

① 查阅相关国家标准，展示查阅结果；

② 解读国家标准、检验意义、步骤、方法和相关原理；

③ 根据国标制定检验方案，设计相关表格，列出工具与材料；

④ 根据检验方案实施检验，提交检验结果；

⑤ 成果材料整理与提交。

5.6.3 问题与思考

① 化妆品中铅含量的测定有哪些方法？化妆品中铅限度是多少？

② 样品预处理的方法有哪些？如何选用合适的处理方法？

③ 如何配制铅标准工作溶液？为什么要这样配制？

④ 编制仪器操作规程？样品如何原子化？

⑤ 如果样品中含大量铁，如何消除干扰？

5.7 双硫腙萃取分光光度法测定铅（自主项目）

5.7.1 工作任务书

“双硫腙萃取分光光度法测定铅”工作任务书见表 5-10。

5.7.2 项目实施基本要求

① 查阅相关国家标准，展示查阅结果；

② 解读国家标准、检验意义、步骤、方法和相关原理；

表 5-10 “双硫腙萃取分光光度法测定铅”工作任务书

工作任务	某批次美白日霜的铅指标检验与品质判断		
任务情景	质检所对企业美白日霜产品抽检结果为铅指标超标，企业要求其质检部门追查原因，提出整改建议		
任务描述	对该批次美白日霜的铅指标进行检验，并根据实际检验结果对该批次产品的卫生指标是否合格作出评价		
目标要求	(1)能正确、独立完成铅含量检验操作的全过程 (2)能根据砷含量对产品质量进行正确的判断(初步)		
任务依据	QB/T 1857—2004、《化妆品卫生规范》(2007 年版)		
学生角色	企业质检部门	项目层次	自主项目
成果形式	1. 美白日霜铅含量的检验方案(电子文稿) 2. 检验方案实施过程的原始材料：准备单、采样及样品交接单、产品留样单、原始记录单、卫生指标铅检验报告单 3. 问题与思考		
备注	成果材料要求制作成规范的电子文档打印上交或上传课程网站，原始记录要求表格事先设计，数据现场记录(上传课程网站的原始记录表以原始件影印形式编入电子文档)		

③ 根据国标制定检验方案，设计相关表格，列出工具与材料；

④ 根据检验方案实施检验，提交检验结果；

⑤ 成果材料整理与提交。

5.7.3 问题与思考

① 双硫腙萃取分光光度法测定铅的原理是什么？

② 实验需要哪些试剂和仪器？

③ 该方法适用于哪些化妆品的测定？

④ 原始记录表如何设计？

⑤ 样品如何处理？

5.8 气相色谱测定法测定化妆品中的甲醇（自主项目）

甲醇对神经和血管有巨大的危害性，其主要通过呼吸道和肠胃道进入人体，皮肤也可部分吸收甲醇。我国化妆品卫生标准规定甲醇为禁用物质，且化妆品中甲醇含量不得大于0.2%（质量分数）。测定化妆品中甲醇的方法有气相色谱法和分光光度法。国标规定气相色谱法为甲醇的标准检验方法，该方法适用于含乙醇或异丙醇的化妆品中甲醇含量的测定。

由于含乙醇的化妆品多为液体，一般将试样稀释后，即可直接注入气相色谱仪（gas chromatography）进行测定；而对黏度较大的样品（如乳状化妆品），需经蒸馏处理后再注入气相色谱仪进行测定。

5.8.1 工作任务书

“气相色谱法测定化妆品中的甲醇”工作任务书见表 5-11。

5.8.2 项目实施基本要求

① 查阅相关国家标准，展示查阅结果；

② 解读国家标准、检验意义、步骤、方法和相关原理；

③ 根据国标制定检验方案，设计相关表格，列出工具与材料；

④ 根据检验方案实施检验，提交检验结果；

表 5-11 “气相色谱法测定化妆品中的甲醇”工作任务书

工作任务	某批次花露水的甲醇含量检验与品质判断		
任务情景	质检所对企业花露水产品抽检结果为甲醇含量超标，企业要求其质检部门追查原因，提出整改建议		
任务描述	对该批次花露水的甲醇含量进行检验，并根据实际检验结果对该批次产品的卫生指标是否合格作出评价		
目标要求	(1)能正确、独立完成甲醇含量检验操作的全过程 (2)能根据甲醇含量对产品质量进行正确的判断(初步)		
任务依据	QB/T 1858.1—2006、《化妆品卫生规范》(2007 年版)		
学生角色	企业质检部门	项目层次	自主项目
成果形式	1. 花露水甲醇含量的检验方案(电子文稿) 2. 检验方案实施过程的原始材料：准备单、采样及样品交接单、产品留样单、原始记录单、卫生指标甲醇检验报告单 3. 问题与思考		
备注	成果材料要求制作成规范的电子文档打印上交或上传课程网站，原始记录要求表格事先设计，数据现场记录(上传课程网站的原始记录表以原始件影印形式编入电子文档)		

⑤ 成果材料整理与提交。

5.8.3 问题与思考

① 化妆品中甲醇含量测定有哪些方法？试阐述其原理。

② 样品预处理的方法有哪些？如何选用合适的处理方法？

③ 如何配制甲醇标准工作溶液？

④ 编制仪器操作规程。气相色谱仪操作要点有哪些？

⑤ 气相色谱仪的检测系统有哪些种类？如何选用合适的检测器？

⑥ 如何判定色谱峰是何种成分？如何定量？

5.9 举一反三（拓展项目）

——请学员自选一种化妆品并完成对其常规卫生指标的检验与品质判断。

要求：

① 自拟任务书和检验方案；

② 自主完成检验，提交完整原始材料；

③ 完成检验报告，作出产品品质评判。

5.10 教学资源

5.10.1 相关知识技能要点

5.10.1.1 原子吸收光谱法

原子吸收光谱法是 20 世纪 50 年代中期出现并在以后逐渐发展起来的一种新型的仪器分析方法，这种方法根据蒸气相中被测元素的基态原子对其原子共振辐射的吸收强度来测定试样中被测元素的含量。它在地质、冶金、机械、化工、农业、食品、轻工、生物医药、环境保护、材料科学等各个领域有广泛的应用。原子吸收光谱法具有的优点与不足如下。

a. 检出限低，灵敏度高。火焰原子吸收法的检出限可达 10^{-9} 级，石墨炉原子吸收法的

检出限可达 $10^{-14}\sim10^{-10}$g。

b. 分析精度好。火焰原子吸收法测定中等和高含量元素的相对标准偏差可小于1%，其准确度已接近于经典化学方法。石墨炉原子吸收法的分析精度一般为3%～5%。

c. 分析速度快。原子吸收光谱仪在35min内能连续测定50个试样中的6种元素。

d. 应用范围广。可测定的元素达70多种，不仅可以测定金属元素，也可以用间接原子吸收法测定非金属元素和有机化合物。

e. 仪器比较简单，操作方便。

f. 原子吸收光谱法的不足之处是多元素同时测定尚有困难，有相当一些元素的测定灵敏度还不能令人满意。

(1) 原子吸收光谱的产生　当有辐射通过自由原子蒸气，且入射辐射的频率等于原子中的电子由基态跃迁到较高能态（一般情况下都是第一激发态）所需要的能量频率时，原子就要从辐射场中吸收能量，产生共振吸收，电子由基态跃迁到激发态，同时伴随着原子吸收光谱的产生。原子吸收光谱法就是根据物质产生的原子蒸气中待测元素的基态原子对光源特征辐射谱线吸收程度进行定量的分析方法。

(2) 原子吸收分光光度计　原子吸收分光光度计又称原子吸收光谱仪，主要由光源、原子化器、分光系统和检测系统4部分组成。

① 光源　原子吸收分光光度计光源的作用是辐射基态原子吸收所需的特征谱线。对光源的要求是：发射待测元素的锐线光谱，有足够的发射强度、背景小、稳定性高。原子吸收分光光度计广泛使用的光源有空心阴极灯，偶尔使用蒸气放电灯和无极放电灯。

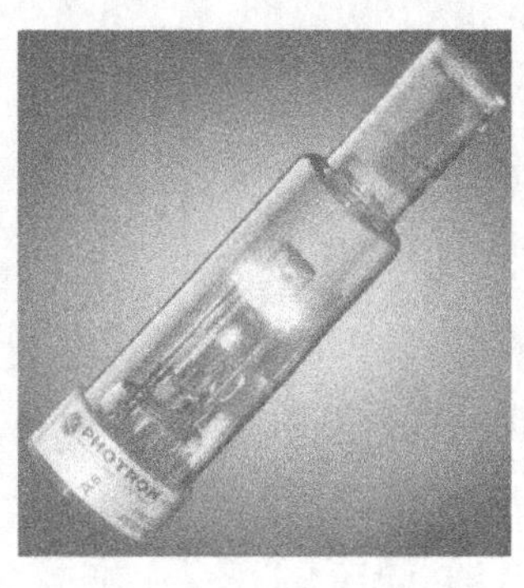

图 5-6　空心阴极灯

空心阴极灯（见图5-6）有一个由被测元素材料制成的空心阴极和一个由钛、锆、钽或其他材料制作的阳极。阴极和阳极封闭在带有光学窗口的硬质玻璃管内，管内充有压强为2～10mmHg的惰性气体氖或氩，其作用是产生离子撞击阴极，使阴极材料发光。

空心阴极灯放电是一种特殊形式的低压辉光放电，放电集中于阴极空腔内。当在两极之间施加几百伏电压时，便产生辉光放电。在电场作用下，电子在飞向阳极的途中，与载气原子碰撞并使之电离，放出二次电子，使电子与正离子数目增加，以维持放电。正离子从电场获得动能。如果正离子的动能足以克服金属阴极表面的晶格能，当其撞击在阴极表面上时，就可以将原子从晶格中溅射出来。除溅射作用外，阴极受热也要导致阴极表面元素的热蒸发。溅射与蒸发出来的原子进入空腔内，再与电子、原子、离子等发生第二类碰撞而受到激发，发射出相应元素的特征的共振辐射。

空心阴极灯常采用脉冲供电方式，以改善放电特性，同时便于使有用的原子吸收信号与原子化池的直流发射信号区分开，称为光源调制。在实际工作中，应选择合适的工作电流。使用灯电流过小，放电不稳定；灯电流过大时，溅射作用将增加，原子蒸气密度增大，谱线变宽，甚至引起自吸，导致测定灵敏度降低，灯寿命缩短。

由于原子吸收分析中每测一种元素需换一次灯，很不方便，现也制成多元素空心阴极灯，但发射强度低于单元素灯，且如果金属组合不当，易产生光谱干扰，因此，使用尚不普遍。

光源的功能是发射被测元素的特征共振辐射。对光源的基本要求如下。

a. 发射的共振辐射的半宽度要明显小于吸收线的半宽度。

b. 辐射强度大、背景低，低于特征共振辐射强度的1%。

c. 稳定性好，30min之内漂移不超过1%；噪声小于0.1%。

d. 使用寿命长于5A·h。

空心阴极放电灯是能满足上述各项要求的理想的锐线光源，应用最广。

② 原子化器　原子化器的功能是提供能量，使试样干燥、蒸发和原子化。在原子吸收光谱分析中，试样中被测元素的原子化是整个分析过程的关键环节，它是原子吸收分光光度计的重要部分，其性能直接影响测定的灵敏度，同时很大程度上还影响测定的重现性。实现原子化的方法最常用的有两种：火焰原子化法，是原子光谱分析中最早使用的原子化方法，至今仍在广泛应用；非火焰原子化法，其中应用最广的是石墨炉原子化法。

a. 火焰原子化法　火焰原子化法中，常用的是预混合型原子化器，其结构如图5-7所示。这种原子化器由雾化器、混合室和燃烧器组成。雾化器是关键部件，其作用是将试液雾化，使之形成直径为微米级的气溶胶。混合室的作用是使较大的气溶胶在室内凝聚为大的溶珠沿室壁流入泄液管排走，使进入火焰的气溶胶在混合室内充分混合均匀，以减少它们进入火焰时对火焰的扰动，并让气溶胶在室内部分蒸发脱溶。燃烧器最常用的是单缝燃烧器，其作用是产生火焰，使进入火焰的气溶胶蒸发和原子化。因此，原子吸收分析的火焰应有足够高的温度，能有效地蒸发和分解试样，并使被测元素原子化。此外，火焰应该稳定、背景发射和噪声低、燃烧安全。

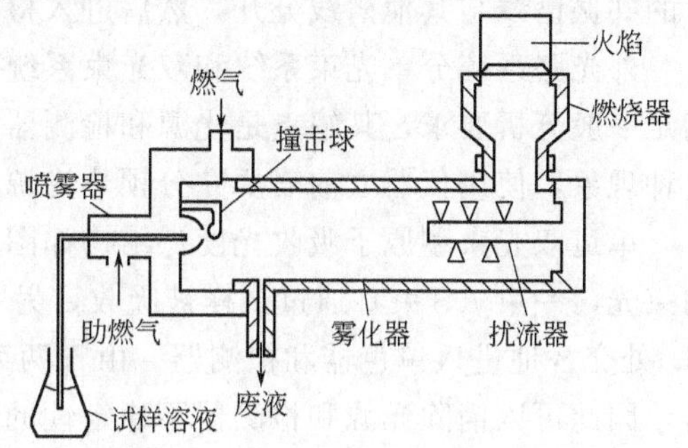

图5-7　预混合型原子化器的结构图

原子吸收测定中最常用的火焰是乙炔-空气火焰，此外，应用较多的是氢-空气火焰和乙炔-氧化亚氮高温火焰。乙炔-空气火焰燃烧稳定、重现性好、噪声低、燃烧速度不是很大、温度足够高（约2300℃），对大多数元素有足够的灵敏度。氢-空气火焰是氧化性火焰，燃烧速度较乙炔-空气火焰高，但温度较低（约2050℃），优点是背景发射较弱、透射性能好。乙炔-氧化亚氮火焰的特点是火焰温度高（约2955℃），而燃烧速度并不快，是目前应用较广泛的一种高温火焰，可测定70多种元素。

b. 非火焰原子化法　非火焰原子化法中，常用的是管式石墨炉原子化器。

管式石墨炉原子化器由加热电源、保护气控制系统和石墨管状炉组成。加热电源供给原子化器能量，电流通过石墨管产生高热高温，最高温度可达到3000℃。保护气控制系统是控制保护气的，仪器启动，保护氩气流通，空烧完毕，切断氩气流。外气路中的氩气沿石墨管外壁流动，以保护石墨管不被烧蚀，内气路中氩气从管两端流向管中心，由管中心孔流出，以有效地除去在干燥和灰化过程中产生的基体蒸气，同时保护已原子化了的原子不再被氧化。在原子化阶段，停止通气，以延长原子在吸收区内的平均停留时间，避免对原子蒸气的稀释。

石墨炉原子化器的操作分为干燥、灰化、原子化和净化四步，由微机控制实行程序升温。石墨炉原子化法的优点是：试样原子化是在惰性气体保护下于强还原性介质内进行的，有利于氧化物分解和自由原子的生成；用样量小，样品利用率高，原子在吸收区内平均停留时间较长，绝对灵敏度高；液体和固体试样均可直接进样。缺点是：试样组成不均匀性影响较大，有强的背景吸收，测定精密度不如火焰原子化法。

c. 氢化物形成法　砷、锑、铋、锗、锡、硒、碲和铅等元素，在强还原剂（如硼氢化钠）的作用下，容易生成氢化物。在较低的温度下使其分解、原子化，从而进行原子吸收的测定。

d. 冷原子吸收法　冷原子吸收法主要用于无机汞和有机汞的分析。这方法是基于常温下汞有较高的蒸气压。在常温下用还原剂（如 $SnCl_2$）将 Hg^{2+} 还原为金属汞，然后把汞蒸气送入原子吸收管中，测量汞蒸气对 Hg 253.7nm 吸收线的吸收。

③ 分光系统　原子吸收光谱的分光系统是用来将待测元素的共振线与干扰的谱线分开的装置。它主要由外光路系统和单色器构成。外光路系统的作用是使光源发出的共振谱线能正确地通过被测试样的原子蒸气，并投射到单色器的入射狭缝上。单色器的作用是将待测元素的共振谱线与其他谱线分开，然后进入检测装置。

外光路系统分单光束系统和双光束系统。单光束型仪器结构简单、体积小、价格低，能满足一般分析要求，其缺点是光源和检测器的不稳定性会引起吸光度读数的漂移。为了克服这种现象，使用仪器之前需要充分预热光源，并在测量时经常校正零点。

单道双光束型原子吸收光度计结构如图 5-8 所示。光源发射的共振线，被切光器分解成两束光，一束（S 束）通过试样被吸收，另一束（R 束）作为参比，两束光在半透明反射镜 M_2 处交替地进入单色器和检测器。由于两束光由同一光源发出，并且交替地使用相同检测器，因此可以消除光源和检测器不稳定性的影响。

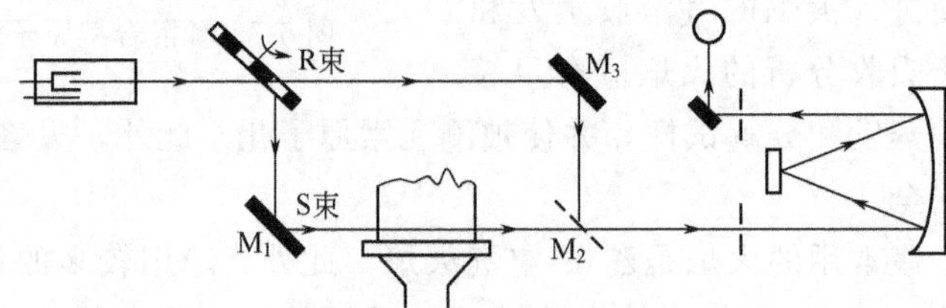

图 5-8　单道双光束型原子吸收光度计

④ 检测放大系统　在原子吸收分光光度计上，广泛采用光电倍增管作检测器。它的作用是将单色器分出的光信号转变为电信号。这种电信号一般比较微弱，需经放大器放大。信号的对数变换最后由读数装置显示出来。非火焰原子吸收法，由于测量信号具有峰值形状，故宜用峰高法或积分法进行测量。

（3）实验条件的选择

① 分析线的选择　原子吸收强度正比于谱线振子强度与处于基态的原子数。因而从灵敏度的观点出发，通常选择元素的共振谱线作分析线，这样可以使测定具有高的灵敏度。但是共振线不一定是最灵敏的吸收线，如过渡元素 Al，又如 As、Se、Hg 等元素的共振吸收线位于远紫外区（波长小于 200nm），背景吸收强烈，这时就不宜选择这些元素的共振线作分析线。当测定浓度较高的样品时，有时宁愿选取灵敏度较低的谱线，以便得到适度的吸光度值，改善标准曲线的线性范围。

② 狭缝宽度的选择　合适的狭缝宽度可用实验方法确定：将试液喷入火焰中，调节狭缝宽度，测定不同狭缝宽度时的吸收值。在狭缝宽度较小时，吸收值是不随狭缝宽度的增加

而变化的，但当狭缝增宽到一定程度时，其他谱线或非吸收光出现在光谱通带内，吸收值就开始减小。不引起吸收值减小的最大狭缝宽度，就是理应选用的最合适的狭缝宽度。

③ 空心阴极灯电流的选择　空心阴极灯的发射特性取决于工作电流。一般商品空心阴极灯均标有允许使用的最大工作电流和正常使用的电流。在实际工作中，通常是通过测定吸收值随灯工作电流的变化来选定适宜的工作电流。选择灯工作电流的原则是在保证稳定和合适光强输出的条件下，尽量选用低的工作电流。若空心阴极灯有时呈现背景连续光谱，则使用较高的工作电流是有利的，可以得到较高的谱线强度和背景强度比。

空心阴极灯需要经过预热才能达到稳定的输出，预热时间一般为10～20min。

④ 原子化条件的选择　不同类型的火焰所产生的火焰温度差别较大，对于难离解化合物的元素，应选择温度较高的乙炔-空气火焰或乙炔-氧化亚氮火焰。对于易电离的元素，如K、Na等宜选择低温的丙烷-空气火焰。

火焰按照燃料气体和助燃气体的不同比例，分为以下3类。

a. 中性火焰　这种火焰的燃气和助燃气的比例与它们之间的化学反应计量关系相近，它具有温度高、干扰小、背景低及稳定性好等特点，适用于多数元素的测定。

b. 富燃火焰　即燃气与助燃气比例大于化学计量，这种火焰燃烧不完全、温度低、火焰呈黄色。具有还原性强、背景高、干扰较多，不如中性火焰稳定的特点，适用于易形成难离解氧化物元素的测定。

c. 贫燃火焰　燃气与助燃气比例小于化学计量，这种火焰的氧化性强、温度较低，有利于测定易解离、易电离的元素。

（4）原子吸收光谱法的分析技术

① 取样与防止样品污染　防止样品沾污是样品处理过程中的一个重要问题。样品污染的主要来源有水、大气、容器与所用的试剂。

原子吸收分析中应使用离子交换水，应使用洗净的硬质玻璃容器或聚乙烯、聚丙烯塑料容器；样品处理过程中应注意防止大气对试样的污染。

对于试剂的纯度，应有合理的要求，以满足实际工作的需要。用来配制标准溶液的试剂，不需要特别高纯度的试剂，分析纯即可。对于用量大的试剂，例如用来溶解试样的酸碱、光谱缓冲剂、电离抑制剂、释放剂、萃取溶剂、配制标准基体等试剂，必须是高纯试剂，尤其是不能含有被测元素，否则由此而引入的杂质量是相当可观的，甚至会使以后的操作完全失去意义。

避免被测痕（微）量元素的损失是样品制备过程中的又一重要问题。由于容器表面吸附等原因，浓度低于1μg/mL的溶液是不稳定的，不能作为贮备溶液，使用时间不要超过1～2天。吸附损失的程度和速度有赖于贮存溶液的酸度和容器的质料。作为贮备溶液，通常是配制浓度较大（例如1mg/mL或10mg/mL）的溶液。无机贮备溶液或试样溶液放置在聚乙烯容器里，维持必要的酸度，保持在清洁、低温、阴暗的地方。有机溶液在贮存过程中，应避免它与塑料、胶木瓶盖等直接接触。

② 标准溶液的配制　原子吸收光谱法的定量结果是通过与标准溶液相比较而得出的。配制的标准溶液的组成要尽可能接近未知试样的组成。溶液中含盐量对雾珠的形成和蒸发速度都有影响，其影响程度与盐类性质、含量、火焰温度、雾珠大小均有关。当总含盐量在0.1%以上时，在标准样品中也应加入等量的同一盐类，以期在喷雾时和火焰中所发生的过程相似。在石墨炉高温原子化时，样品中痕量元素与基体元素的质量分数比对测定灵敏度和

检出限有重要影响。因此，对于样品中的含盐量与基体元素的质量分数比能达到0.1μg/g。

非水标准溶液，是将金属有机化合物（如金属环烷酸盐）溶于合适的有机溶剂中来配制，或者将金属离子转为可萃取络合物，用合适的有机萃取溶剂萃取。有机相中金属离子的含量可通过测定水相中的含量间接地加以标定。最合适的有机溶剂是C_6或C_7、脂肪族酯或酮、C_{10}烷烃（例如甲基异丁酮、石油溶剂等）。芳香族化合物和卤素化合物不适合做有机溶剂，因为它们燃烧不完全，且产生浓烟，会改变火焰的物理化学性质。简单的溶剂如甲醇、乙醇、丙酮、乙醚、低分子量的烃等，因为其易挥发，也不适合做有机溶剂。

③ 试样的处理　对于溶液样品，处理比较简单。如果浓度过大，无机样品用水（或稀酸）稀释到合适的浓度范围。有机样品用甲基异丁酮或石油作溶剂，稀释到样品的黏度接近于水的黏度。

(5) 定量分析　原子吸收光谱法是一种相对测量而不是绝对测量的方法，即定量的结果是通过与标准溶液相比较而得出的。所以为了获得准确的测量结果，应根据实际情况选择合适的分析方法。常用的分析方法有标准曲线法和标准加入法。

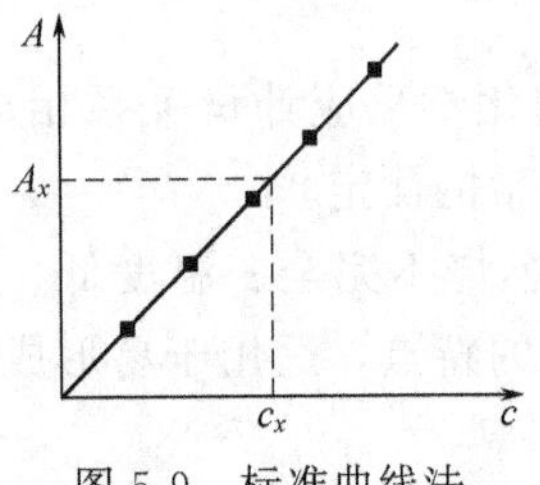

图 5-9　标准曲线法

① 标准曲线法　标准曲线法是最常用的基本分析方法，主要适用于组分比较简单或共存组分互相没有干扰的情况。配制一组合适的浓度不同的标准溶液，由低浓度到高浓度依次喷入火焰，分别测定它们的吸光度A，以A为纵坐标，被测元素的浓度c为横坐标，绘制A-c标准曲线（见图5-9）。在相同的测定条件下，测定未知样品的吸光度，从A-c标准曲线上用内标法求出未知样品中被测元素的浓度。

② 标准加入法　对于比较复杂的样品溶液，有时很难配制与样品组成完全相同的标准溶液。这时可以采用标准加入法。

分取几份等量的被测试样，其中一份不加入被测元素，其余各份试样中分别加入不同已知量c_0，$2c_0$，$3c_0$…的被测元素的标准溶液，然后在测定条件下，分别测定它们的吸光度A_i，绘制吸光度A_i对被测元素加入量c_i的曲线（见图5-10）。

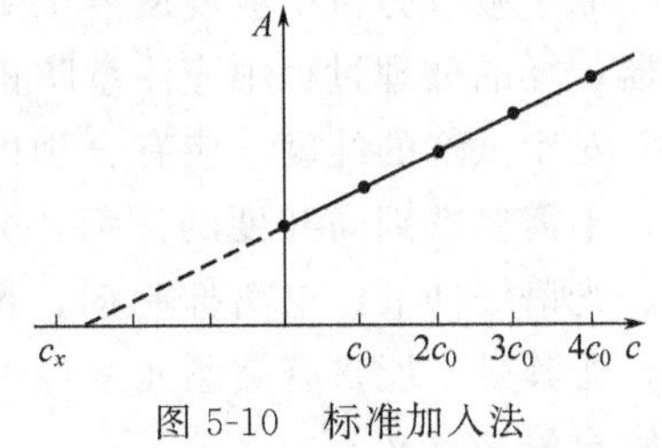

图 5-10　标准加入法

如果被测试样中不含被测元素，在校正背景之后，曲线应通过原点。如果曲线不通过原点，说明被测试样中含有被测元素，截距所对应的吸光度就是被测元素所引起的效应。外延曲线与横坐标轴相交，交点至原点的距离所对应的浓度c_x，即为所求的被测元素的含量。

标准加入法只能用于待测元素浓度与吸光度呈线性关系的范围内才能得到正确的结果。加入标准溶液的浓度要与样品浓度接近，才能得到准确的结果。

(6) 原子吸收光谱分析中的注意事项

① 光源接通之前，检查各插头是否接触良好，调好仪器狭缝位置，仪器面板上的所有旋钮回到零再通电。开机应先开低压，后开高压，关机时则相反。

② 空心阴极灯需预热20～30min，灯电流由低慢慢升至规定值。灯应轻拿轻放，窗口如有污物或指纹，用擦镜纸轻轻擦拭。

③ 工作中防止毛细管折弯。如有堵塞，可用细金属丝小心消除。普通喷化器不能喷含高浓度氟试样。

④ 日常分析完毕，应在不灭火的情况下喷雾蒸馏水，对喷雾器、雾化室和燃烧器进行清洗。喷过高浓度的酸、碱，要用水彻底冲洗雾化室，防止腐蚀。吸喷有机溶液后，先喷有机溶剂和丙酮各 5min，再喷 1%的硝酸和蒸馏水各 5min。燃烧器灯头狭缝有盐类结晶，火焰呈锯齿形，可用硬纸片或软木片轻轻刮去。如有熔珠难刮去时，可用细砂纸轻轻打磨。

⑤ 实验过程中，要开抽风机，抽去原子蒸气。

⑥ 单色器不能随意开启，严禁用手触摸。光电倍增管需检修时，一定要关掉负高压。

⑦ 点火时，先开助燃气（空气），后开燃气；关闭时，先关燃气，后关助燃气。点燃火焰时，操作人员不能离开。

⑧ 使用石墨炉时，样品注入的位置一定要保证一致。工作时，冷却水的压力与惰性气体的流速应稳定。

⑨ 要遵守乙炔的使用规则。

⑩ 塞曼型原子分光光度计的原子化器有一强永久磁铁，因此，操作前应取下机械手表。铁制工具不能与磁铁直接接触，以免减弱磁铁的磁性。

⑪ 进行实验之前，必须对乙炔管路进行检漏实验。把乙炔气体的二次压力调至 0.8MPa，并打开室内管道系统的截止阀。打开通风，以排除未燃烧的乙炔。首先打开电源开关，关闭火焰传感器开关，把燃气旋钮调至“停止”位置，并把燃气开关打向“流量”位置，顺时针方向旋转燃气“压力调节”旋钮，直至压力表读数为 0.7MPa，再把燃气开关打向“停止”位置。在管路中充乙炔压力下保持 3min。然后，由气压表的读数检查气路是否漏气。若气压表读数降低在 0.05MPa 以内，可认为管路不漏气。如果超过此值，应重复检查一次，如果仍超过此值，表明管路漏气，应停止使用。找出漏气原因，并维修好之后，再检查，不漏气，才能进行点火实验。

⑫ 经常清洁空心阴极灯窗口和光路上的透镜。

⑬ 测量完毕后，必须将空气压缩机内的污物排出。若污物未排走，可能出现断续闪动的红色火焰，产生噪声。

⑭ 经常清洗燃烧器缝上污物，可用薄木片或金属片清除铁锈、碳化物及污染物。当燃烧缝严重堵塞时，火焰分裂为几部分或还原焰呈凹凸不平状。在乙炔-空气火焰中，喷雾蒸馏水时，如果在火焰中出现断断续续的明显的红色闪光，说明燃烧器头内部污染之外，雾化室内部也已被污染。在这种情况下，应清洁雾化室内部。

⑮ 测定有机溶剂试样后，应清除黏附在雾化室内的试样，特别是在 MIBK（甲基异丁基甲酮）等疏水性有机溶剂试样的测定后，必须用乙醇-丙酮（1∶2）混合液清洗后，再用蒸馏水清洗。测定完之后，要将排液罐内的废液倒掉，重新换上新水。

⑯ 清洗原子化器之前，务必将电源关闭，同时冷却水、氩气、乙炔气关闭。

5.10.1.2 氢化物原子吸收光谱法

（1）氢化物原子吸收光谱法测定痕量 As 简明方法的制定和测定条件

① 先配制一种标准溶液，含量约为灵敏度的 50～100 倍（吸光度 0.2～0.5Abs 为最佳）和空白溶液。

② 配制系列标准溶液，以砷为例：配 0、2ng/mL、4ng/mL、6ng/mL、8ng/mL、10ng/mL，绘制标准曲线。系列标准溶液的含量范围：最高约为灵敏度的 100～150 倍，必须有空白溶液。

③ 硼氢化钾的配制。硼氢化钾 KBH_4（或硼氢化钠），氢化物元素多数用 1.5%。称

1.5g 硼氢化钾、0.3g 氢氧化钠（稳定剂）倒入塑料瓶中（不可用玻璃容器），加蒸馏水 100mL 溶解。室温下可用一周。测定汞用 0.5%硼氢化钾及 0.1%氢氧化钠。

④ 载液的配制：1%（体积分数）盐酸。

⑤ 试样的前处理：按照相关方法溶解试样。稀释到一定倍数，使读数不超过最大可测浓度。

⑥ 检查试样中有无干扰元素存在。

(2) 氢化物发生器日常维护及故障排除

① 使用和存放时都不可将发生器横放，以免呼吸管内水流出，在零度以下运输前或室内存放，应将呼吸管内水放尽。在零度以上运输时可将呼吸管上口外露的软管用夹子夹紧，防止水流出，使用前将夹子取下。

② 向呼吸管内注水：用夹子夹住注水管，取下塞子，用附带的注射器吸满蒸馏水，接到后面板的注水管上，取下夹子，在哨音响之前注水至上、下刻度线之间，用夹子夹住注水管，取下注射器，用塞子堵住注水管，长期使用后，由于蒸发损失，下水面低于下蓝色刻度线，需用此法补充加水。

③ 吸收管的清洗：吸收管长期使用后内表面（它与氢气作用生成氢基，它夺走氢化物中的氢而原子化）有盐雾沉积，使测定灵敏度下降。可用氢氟酸清洗，吸收管垂直放置，下口和支管用塑料塞塞上，从上口注入氢氟酸（浓），放置 15min 后倒出，用水洗净，放干，注意：不可使酸滴到电热丝上，否则绝缘层被破坏，将发生短路；石英管只可清洗一次再利用。

④ 硼氢化钾不吸入：从发生器背后看，左下角两胶管中间套有 0 号毛细管，将中间套的玻璃毛细管取下，用注射器抽水将毛细管套上，用水吹通装上即可，如吹不通可用小火稍烤一下再吹，如仍吹不通可换用备品或向厂家索取。

⑤ 载液不吸入：从发生器后背看，左下角胶管中间套有 1 号毛细管，将中间套的玻璃毛细管取下，用注射器抽水将毛细管套上，用水吹通。

⑥ 试样吸入管吸满试样溶液后不反吹气：将顶部上面的四条螺丝松开取下，即可将外壳从下往上取出，望内看，中间胶管中套有 2 号毛细管，吹通 2 号毛细管，重新装复即可。

⑦ 试样及溶液吸入正常，但主机无吸收，检查发生器背面混合器输出管，是否有不通畅之处，要保证其畅通。如有水珠用空气将其吹干。气液分离管内水面应高于下刻线。

⑧ 启动键在读数哨音发出后弹不起来：检查气路，保证通气管路的畅通和足够的压力。

⑨ 如使用时吸入了高含量的试样，造成了发生器管道的污染，这时空白数据很大，零点也很高（此时不可调零点），可调大载气流量，同时用夹子夹住废液管，用载气吹走吸附在管壁上的污染物（时间以空白正常为止），也可用压缩空气直接吹后面出气管的两边。

⑩ 如嫌灵敏度太高，可用加大载气流量或夹住后面通气管来降低灵敏度，如仍达不到要求，请稀释样品或与厂家联系。

⑪ 如电热石英管内有燃火现象，是载气（氮或氩气）不纯的表现（内含氧气过高），可先将背后通气管夹住后实验，如仍不能解决请另换纯度高一些的载气。

⑫ 电热石英吸收管在安装、拆卸时必须切断电源。电热丝与主机机体不可短路。

5.10.1.3 氢化物发生-原子荧光光谱法

原子荧光光谱分析法是 20 世纪 60 年代中期以后发展起来的一种新的痕量分析方法。它是一种通过测量待测元素的原子蒸气在辐射能激发下所产生的荧光发射强度，来测定待测元素含量的一种仪器分析方法。各种元素的原子所发射的荧光波长各不相同，这是各种元素原子的特征。所发射的荧光强度和原子化器中单位体积中该种元素的基态原子数目成正比。如将激发光的强度和原子化条件保持恒定，则可由荧光的强度测出试样溶液中该元素的含量，从而进行原子荧光定量分析。

(1) 原子荧光光谱法的原理 原子荧光是原子蒸气受具有特征波长的光源照射后，其中一些自由原子被激发跃迁到较高能态，然后去活回到某一较低能态（常常是基态）而发射出特征光谱的物理现象。当激发辐射的波长与产生的荧光波长相同时，称为共振荧光，它是原子荧光分析中最主要的分析线。另外还有直跃线荧光、阶跃线荧光、敏化荧光、阶跃激发荧光等。各种元素都有其特定的原子荧光光谱，根据原子荧光强度的高低可测得试样中待测元素的含量。这就是原子荧光光谱分析。

(2) 氢化物-原子荧光光谱法的分析性能与特点 自 20 世纪 60 年代初提出原子荧光分析技术以来，该技术已取得了很大进展，尤其是将氢化物发生（HG）与原子荧光光谱（AFS）完美结合而实现 HG-AFS 分析技术以来，该方法已成为一种高效低耗并具有重要实用价值的分析技术。

HG-AFS 法是基于下列反应将分析元素转化为在室温下的气态氢化物：

$$NaBH_4 + 3H_2O + HCl \longrightarrow H_3BO_3 + NaCl + 8H$$

$$(2+n)H + E^{m+} \longrightarrow EH_n + H_2\uparrow$$

反应式中的 E^{m+} 是可以形成氢化物元素的离子；m 可以等于或不等于 n。

反应所生成的氢化物被引到特殊设计的石英炉中，并在此被原子化。受光源激发使基态原子的外层电子跃迁到较高能级，并在去激化过程中辐射出特征的原子荧光，根据光强度的大小可测定氢化元素在试样中的浓度。

汞离子可以与 $NaBH_4$ 或 $SnCl_2$ 反应而生成原子态的汞，并可在室温下激发产生汞原子荧光，因此，一般称为冷蒸气法或冷原子荧光光谱法。

HG-AFS 法自提出以来，因为其对于较难分析的无机污染物，如 As、Bi、Sb、Se、Te、Pb、Sn、Ge、Hg 等所显示出的独特优点而备受分析工作者的青睐。

(3) HG-AFS 法的仪器装置 AFS 法的仪器装置由 3 个主要部分组成，即激发光源、原子化器以及检测部分。检测部分主要包括分光系统、光电转换装置以及放大系统和输出装置。

① 激发光源 激发光源是 AFS 的主要组成部分，可用连续光源或锐线光源。常用的连续光源是氙弧灯，常用的锐线光源是高强度空心阴极灯、无极放电灯、激光等。连续光源稳定、操作简便、寿命长，能用于多元素的同时分析，但检出限较差。锐线光源辐射强度高、稳定，可得到更好的检出限。一个理想的光源应当具有下列条件：a. 强度高，无自吸；b. 稳定性好，噪声小；c. 辐射光谱重复性好，发射谱线纯度高；d. 适用于大多数元素；e. 操作容易，不需复杂的电源；f. 价格便宜，寿命长。

② 原子化器 一个理想的适用于 AFS 法的原子化器必须具有下列特点：a. 具有高的原子化效率，并且在光路中原子有较长的寿命；b. 没有物理或化学干扰；c. 在测量波长处没有或具有较低的背景发射；d. 稳定性好；e. 为获得最大的荧光量子效率，不应含有高浓度的猝灭剂。

虽然 AFS 仪中采用的原子化器有火焰、电热及固体样品原子化器，但最近几年，利用氢化物法的原子化器已逐步应用于AFS仪中。它是一个电加热的石英管，当$NaBH_4$与酸性溶液反应生成氢气并被氩气带入石英炉时，氢气将被点燃并形成氩氢焰。这种原子化器不需要氢气瓶，经济实用，氩气流量可降低至1.0～1.5L/min范围内。

③ 色散系统与非色散系统　在AFS仪中，目前有色散系统和非色散系统两类商品仪器。在色散系统中，被激发出的原子荧光经单色器分光后由光电倍增管（PMT）转变为电信号后检测，信号经放大后由数据处理系统进行处理。

中国主要生产具有非色散系统的AFS仪，由于没有单色器，为了防止实验室光线的影响，一般采用工作波段为160～320nm的日盲光电倍增管。

④ 检测系统　由于电子技术的迅速发展，各种高性能的集成元件层出不穷，因而AFS仪器电子检测线路也不断有所改进，有关这部分内容可参考各AFS仪器的使用说明书。

(4) 最佳实验条件的选择

① 还原剂及其浓度　在HG-AFS法中，常用的还原剂为$NaBH_4$（或KBH_4），其浓度对测量结果影响很大。不同元素有不同的最佳$NaBH_4$浓度。除As外，其他5个元素在$NaBH_4$浓度为0.4%左右时均可得到或接近最佳灵敏度。而As需要较高的$NaBH_4$浓度（>1.0%），即使测量前预还原为As^{3+}亦然。研究中还发现，当浓度减小时，氩氢焰也减小，这样，火焰发射及溅落引起的噪声减小，信噪比得到改善。

② 用HG-AFS法测定氢化物元素的推荐分析条件　用HG-AFS法测定氢化物元素时，推荐表5-12所示的参考条件。

表5-12　用HG-AFS法测定氢化物元素时的分析条件

项目	As	Bi	Cd	Ge	Hg	Pb	Sb	Se	Sn	Te	Zn
PMT负高压/V	360～380	360～380	380	360～380	300～320	320～340	320～340	320～340	380	360～380	280
原子化温度/℃	800	800	800	800～900	0～300	800	850～900	900	850	800	800
HIL灯电流/mA	60	30～60	60	60～80	30	60～70	60	60～80	70	60	30
载气流量/(mL/min)	500	600	600	600	500	800	500	600	500	600	60
屏蔽气流量/(mL/min)	1000	1000	1000	1000	1000	1000	1000	900	1200	1000	1000
还原剂浓度/%	2.0	0.8	3.0	3.0	0.02～0.04	2.0	1.0	1.0	—	1.0	5.0
还原剂进样量/mL	0.8	0.8	0.8	0.8	0.8	0.8	0.8	0.8	—	0.8	0.8
读数时间/s	8～12	10～12	10	10	15	10～15	10～15	15	8～12		
延迟时间/s	2.0	1.0	1.0	1.0	0.5	0.5	2.0	1.0			
测定方式	STD法(标准曲线法)										
积分方式	峰面积法										

5.10.1.4 气相色谱分析法

气相色谱法（GC）是从1952年后迅速发展起来的一种分离分析方法。它实际上是一种物理分离的方法：基于不同物质物化性质的差异，在固定相（色谱柱）和流动相（载气）构成的两相体系中具有不同的分配系数（或吸附性能），当两相做相对运动时，这些物质随流动相一起迁移，并在两相间进行反复多次的分配（吸附-脱附或溶解-析出），使得那些分配系数只有微小差别的物质，在迁移速度上产生了很大的差别，经过一段时间后，各组分之间达到了彼此分离。被分离的物质依次通过检测装置，给出每个物质的信息，一般是一个色谱峰。通过出峰的时间和峰面积，可以对被分离物质进行定性分析和定量分析。

气相色谱法最早用于分离分析石油产品，目前已广泛用于石油化学、化工、有机合成、医药、生物化学、食品分析和环境监测等领域。在化妆品检验中，气相色谱法已成为化妆品禁用组分检查、原料和产品中甲醇、乙醇等的一种重要手段。

(1) 气相色谱分析的分类　就其操作形式而言，气相色谱法属于柱色谱法。气相色谱法有多种类型，从不同的角度出发，有不同的分类方法。

按固定相的物态，分为气-固色谱法（GSC）及气-液色谱法（GLC）两类。用液体做固定相时，必须将液体均匀地涂布在多孔的化学惰性固体上。这时固定相中的液体叫固定液，它通常为高沸点有机物，多孔的化学惰性固体叫载体（担体）。

按柱的粗细和填充情况，分为填充柱色谱法及毛细管柱色谱法两种。按分离机制，可分为吸附及分配色谱法两类。气-液色谱法属于分配色谱法。在气-固色谱法中，固定相常用吸附剂，因此多属于吸附色谱法。当固体固定相为分子筛时，分离是靠分子大小差异及吸附作用两种。

(2) 气相色谱法的特点　气相色谱法具有分离效能高、选择性好（分离制备高纯物质，纯度可达99%；可分离性能相近的物质和多组分混合物）、灵敏度高（可检测出10^{-13}～10^{-11}g的物质）、样品用量少（进样量可在1mg以下）、分析速度快（几秒至几十分钟）及应用广泛（易挥发的有机物和无机物）等优点。受样品蒸气压限制是其弱点，对于挥发性较差的液体、固体，需采用制备衍生物或裂解等方法，增加挥发性。据统计，能用气相色谱法直接分析的有机物约占全部有机物的20%。

(3) 气相色谱法的原理　气相色谱的分离原理有气-固吸附色谱和气-液分配色谱之分，物质在固定相和流动相（气相）之间发生的吸附、脱附或溶解、挥发的过程叫分配过程。在一定温度下组分在两相间分配达到平衡时，组分在固定相与在气相中浓度之比，称为分配系数。不同物质在两相间的分配系数不同，分配系数小的组分，每次分配后在气相中的浓度较大，当分配次数足够多时，只要各组分的分配系数不同，混合的组分就可分离，依次离开色谱柱。相邻两组分之间分离的程度，既取决于组分在两相间的分配系数，又取决于组分在两相间的扩散作用和传质阻力，前者与色谱过程的热力学因素有关，后者与色谱过程的动力学因素有关。气相色谱的两大理论——塔板理论和速率理论分别从热力学和动力学的角度阐述了色谱分离效能及其影响因素。

塔板理论是在对色谱过程进行多项假设的前提下提出的，由塔板理论计算出的反映分离效能的理论塔板数n或理论塔板高度H，可用于评价实际分离效果。由塔板理论导出的公式如下：

$$n=5.54\left(\frac{t_R}{Y_{1/2}}\right)^2=16\left(\frac{t_R}{Y}\right)^2$$

$$n=L/H$$

式中，t_R是组分的保留时间；$Y_{1/2}$是半峰宽；Y是峰底宽。

速率理论是在对色谱过程动力学因素进行研究的基础上提出的，它充分考虑了溶质在两相间的扩散和传质过程，更接近于溶质在两相间的实际分配过程，提出了 Van Deemter 方程。

$$H = A + B/u + Cu$$

式中，H 是理论塔板高度；A 是涡流扩散项，与填充物的平均粒径和填充不规则因子有关，而与载气性质、线速度和组分性质无关，可以通过使用较细粒度和颗粒均匀的填料，并尽量填充均匀来减小涡流扩散，提高柱效；B/u 是分子纵向扩散项，与组分的性质、载气的流速、性质、温度、压力等有关，为减小 B 项可以采用分子量大的载气和增加其线速度；Cu 是传质阻力项，它与填充物粒度的平方成正比，与组分在载气、液层中的扩散系数成反比；u 是载气线速度，单位为 cm/s。

(4) 仪器结构与原理　气相色谱仪是实现气相色谱过程的仪器，目前市场上 GC 仪器型号繁多，但总的来说，仪器的基本结构是相似的，主要由载气系统、进样系统、分离系统(色谱柱)、检测系统以及数据处理系统构成，其方块流程图如图 5-11 所示。

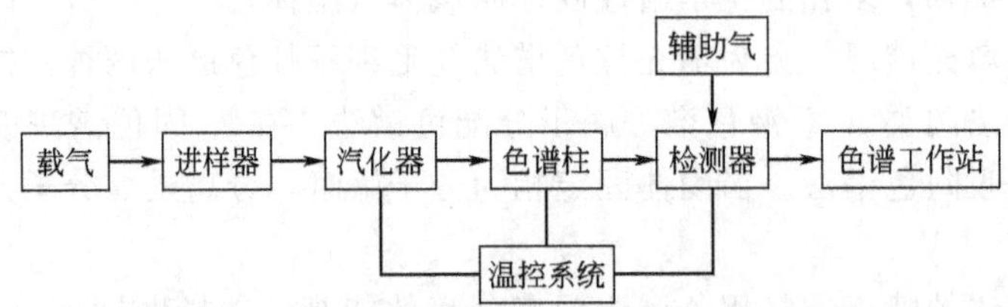

图 5-11　气相色谱仪方块流程图

① 载气系统　载气系统包括气源、气体净化器及气路控制系统。载气是气相色谱过程的流动相，原则上说只要没有腐蚀性，且不干扰样品分析的气体都可以作载气。常用的有 H_2、He、N_2、Ar 等。在实际应用中载气的选择主要是根据检测器的特性来决定，同时考虑色谱柱的分离效能和分析时间，例如氢火焰离子化检测器中，氢气是必用的燃气，用氮气作载气。载气的纯度、流速对色谱柱的分离效能、检测器的灵敏度均有很大影响，气路控制系统的作用就是将载气及辅助气进行稳压、稳流及净化，以满足气相色谱分析的要求。

② 进样系统　进样系统包括进样器和汽化室，它的功能是引入试样，并使试样瞬间汽化。气体样品可以用六通阀进样，进样量由定量管控制，可以按需要更换，进样量的重复性可达 0.5%。液体样品可用微量注射器进样，重复性比较差，在使用时，注意进样量与所选用的注射器相匹配，最好是在注射器最大容量下使用。工业流程色谱分析和大批量样品的常规分析上常用自动进样器，重复性很好。在毛细管柱气相色谱中，由于毛细管柱样品容量很小，一般采用分流进样器，进样量比较多，样品汽化后只有一小部分被载气带入色谱柱，大部分被放空。汽化室的作用是把液体样品瞬间加热变成蒸气，然后由载气带入色谱柱。

③ 分离系统　分离系统主要由色谱柱组成，是气相色谱仪的心脏，它的功能是使试样在柱内运行的同时得到分离。色谱柱基本有两类：填充柱和毛细管柱。填充柱是将固定相填充在金属或玻璃管中（常用内径为 4mm）。毛细管柱是用熔融二氧化硅拉制的空心管，也叫弹性石英毛细管（见图 5-12）。柱内径通常为 0.1～0.5mm，柱长 30～50m，绕成直径 20cm 左右的环状。用这样的毛细管作分离柱的气相色谱称为毛细管气相色谱或开管柱气相色谱，其分离效率比填充柱要高得多，可分为开管毛细管柱、填充毛细管柱等。填充毛细管柱是在毛细管中填充固定相而成，也可先在较粗的厚壁玻璃管中装入松散的载体或吸附剂，然后拉制成毛细管。如果装入的是载体，使用前在载体上涂渍固定液成为填充

图 5-12　毛细管柱

毛细管柱气-液色谱。如果装入的是吸附剂，就是填充毛细管柱气-固色谱。

④ 检测器 检测器的功能是对柱后已被分离的组分的信息转变为便于记录的电信号，然后对各组分的组成和含量进行鉴定和测量，是色谱仪的眼睛。原则上，被测组分和载气在性质上的任何差异都可以作为设计检测器的依据，但在实际中常用的检测器只有几种，它们结构简单，使用方便，具有通用性或选择性。检测器的选择要依据分析对象和目的来确定。下面列出几种常见的气相色谱检测器。

a. 热导检测器 热导检测器（TCD）属于浓度型检测器，即检测器的响应值与组分在载气中的浓度成正比。它的基本原理是基于不同物质具有不同的热导率，几乎对所有的物质都有响应，是目前应用最广泛的通用型检测器。由于在检测过程中样品不被破坏，因此可用于制备和其他联用鉴定技术。

b. 氢火焰离子化检测器 氢火焰离子化检测器（FID）是利用有机物在氢火焰的作用下化学电离而形成离子流，借测定离子流强度进行检测的。该检测器灵敏度高、线性范围宽、操作条件不苛刻、噪声小、死体积小，是有机化合物检测常用的检测器。但是检测时样品被破坏，一般只能检测那些在氢火焰中燃烧产生大量碳正离子的有机化合物。

c. 电子捕获检测器 电子捕获检测器（ECD）是利用电负性物质捕获电子的能力，通过测定电子流进行检测的。ECD 具有灵敏度高、选择性好的特点。它是一种专属型检测器，是目前分析痕量电负性有机化合物最有效的检测器，元素的电负性越强，检测器灵敏度越高，对含卤素、硫、氧、羰基、氨基等的化合物有很高的响应。电子捕获检测器已广泛应用于有机氯和有机磷农药残留量、金属络合物、金属有机多卤或多硫化合物等的分析测定。它可用氮气或氩气作载气，最常用的是高纯氮。

d. 火焰光度检测器 火焰光度检测器（FPD）对含硫和含磷的化合物有比较高的灵敏度和选择性。其检测原理是，当含磷和含硫物质在富氢火焰中燃烧时，分别发射出具有特征的光谱，透过干涉滤光片，用光电倍增管测量特征光的强度。

e. 质谱检测器 质谱检测器（MSD）是一种质量型、通用型检测器，其原理与质谱相同。它不仅能给出一般 GC 检测器所能获得的色谱图（总离子流色谱图或重建离子流色谱图），而且能够给出每个色谱峰所对应的质谱图。通过计算机对标准谱库的自动检索，可提供化合物分析结构的信息，故是 GC 定性分析的有效工具。常称为色谱-质谱联用（GC-MS）分析，它将色谱的高分离能力与 MS 的结构鉴定能力结合在一起。

MSD 实际上是一种专用于 GC 的小型 MS 仪器，一般配置电子轰击（EI）源和化学电离（CI）源，也有直接 MS 进样功能。其检测灵敏度和线性范围与 FID 接近，采用选择离子检测（SIM）时灵敏度更高。

⑤ 数据处理系统 数据处理系统目前多采用配备操作软件包的工作站，用计算机控制，既可以对色谱数据进行自动处理，又可对色谱系统的参数进行自动控制。

(5) 色谱的定性定量分析 色谱法是非常有效的分离和分析方法，同时还能将分离后的各种成分直接进行定性和定量分析。

① 定性分析 色谱定性分析的任务是确定色谱图上每一个峰所代表的物质。由于能用于色谱分析的物质很多，不同组分在同一固定相上色谱峰出现的时间可能相同，仅凭色谱峰对未知物定性有一定困难。对于一个未知样品，首先要了解它的来源、性质和分析目的，在此基础上，对样品可有初步估计，再结合已知纯物质或有关的色谱定性参考数据，用一定的方法进行定性鉴定。

a. 利用保留时间定性　在一定的色谱系统和操作条件下，各种组分都有确定的保留时间，可以通过比较已知纯物质和未知组分的保留时间定性。如待测组分的保留值与在相同色谱条件下测得的已知纯物质的保留时间相同，则可以初步认为它们属同一种物质。为了提高定性分析的可靠性，还可以进一步改变色谱条件（分离柱、流动相、柱温等）或在样品中添加标准物质，如果被测物的保留时间仍然与已知物质相同，则可以认为它们为同一物质。

利用纯物质对照定性，首先要对试样的组分有初步了解，预先准备用于对照的已知纯物质（标准对照品）。该方法简便，是气相色谱定性中最常用的定性方法。

b. 柱前或柱后化学反应定性　在色谱柱后装 T 形分流器，将分离后的组分导入官能团试剂反应管，利用官能团的特征反应定性。也可在进样前将被分离化合物与某些特殊反应试剂反应生成新的衍生物，于是，该化合物在色谱图上出峰位置的大小就会发生变化，甚至不被检测。由此得到被测化合物的结构信息。

c. 联用技术　将色谱与质谱、红外光谱、核磁共振谱等具有定性能力的分析方法联用，复杂的混合物先经气相色谱分离成单一组分后，再利用质谱仪、红外光谱仪或核磁共振谱仪进行定性。未知物经色谱分离后，质谱可以很快地给出未知组分的相对分子质量和电离碎片，提供是否含有某些元素或基团的信息。红外光谱也可很快得到未知组分所含各类基团的信息。对结构鉴定提供可靠的论据。

② 定量分析　在一定的色谱操作条件下，流入检测器的待测组分 i 的含量 m_i（质量或浓度）与检测器的响应信号（峰面积 A_i 或峰高 h_i）成正比。

$$m_i = f_i A_i$$

或 $m_i = f_i h_i$

式中，f_i 是绝对校正因子。要准确进行定量分析，必须准确地测量响应信号，确定出定量校正因子。上面两式是色谱定量分析的理论依据。

a. 峰面积的测量　对于对称色谱峰，可用下式近似地计算出峰面积

$$A = 1.065 h W_{h/2}$$

在相对计算时，系数 1.065 可约去。色谱峰的峰高 h 是其峰顶与基线之间的距离。

随着微机的出现，具有微处理机（工作站、数据站等）能自动测量色谱峰面积，对不同形状的色谱峰可以采用相应的计算程序自动计算，得出准确的结果，并由打印机打出保留时间和 A 或 h 等数据。该方法称为自动积分法。

b. 绝对校正因子　单位峰面积或峰高对应组分 i 的质量或浓度，即

$$f_{iA} = m_i / A_i$$

和 $f_{ih} = m_i / h_i$

式中，f_{iA}、f_{ih} 与检测器性能、组分和流动相性质及操作条件有关，不易准确测量。在定量分析中常用相对校正因子。

c. 相对校正因子　组分 i 与标准物质的绝对校正因子之比，即

$$F_{isA} = f_{iA} / f_{sA} = A_s m_i / A_i m_s$$

$$F_{ish} = f_{ih} / f_{sh} = h_s m_i / h_i m_s$$

式中，F_{isA}、F_{ish} 分别为组分 i 以峰面积和峰高为定量参数时的相对校正因子；f_{sA}、f_{sh} 分别为基准组分 s 以峰面积和峰高为定量参数时的绝对校正因子，其余符号的含义同前。

相对校正因子只与检测器类型有关，与色谱条件无关。由于绝对因子很少使用，因此，一般文献上提到的校正因子就是相对校正因子。

需要注意的是，相对校正因子是一个无量纲量，但它的数值与采用的计量单位有关。

d. 定量方法　色谱法常采用归一化法、内标法、外标法进行定量分析。由于峰面积定量比峰高准确，所以常采用峰面积来进行定量分析。为表述方便，以下将相对校正因子简写为 f。

归一化法是将试样中所有组分的含量之和按 100%计算，以它们相应的色谱峰面积为定量参数。如果试样中所有组分均能流出色谱柱，并在检测器上都有响应信号，都能出现色谱峰，可用此法计算各待测组分 i 的含量。其计算公式如下。

$$c_i=\frac{m_i}{m_1+m_2+\cdots+m_n}\times 100\%=\frac{f'_iA_i}{\sum_{i=1}^{n}(f'_iA_i)}\times 100\%$$

归一化法简便，准确，进样量多少不影响定量的准确性，操作条件的变动对结果的影响也较小，尤其适于多组分的同时测定。但若试样中有的组分不能出峰，则不能采用此法。

外标法是最常用的定量方法，分为直接比较法和标准曲线法。其优点是操作简便，不需要测定校正因子，计算简单。结果的准确性主要取决于进样的重现性和色谱操作条件的稳定性。

直接比较法：将未知样品中某一物质的峰面积与该物质的标准品的峰面积直接比较进行定量。通常要求标准品的浓度与被测组分浓度接近，以减小定量误差。

标准曲线法：取待测试样的纯物质配成一系列不同浓度的标准溶液，分别取一定体积进样分析。从色谱图上测出峰面积，以峰面积对含量作图即为标准曲线。然后在相同的色谱操作条件下分析待测试样，从色谱图上测出试样的峰面积（或峰高），由上述标准曲线查出待测组分的含量。

内标法是在未知样品中加入已知浓度的标准物质（内标物），然后比较内标物和被测组分的峰面积，从而确定被测组分的浓度。由于内标物和被测组分处在同一基体中，因此可以消除基体带来的干扰。而且当仪器参数和洗脱条件发生非人为的变化时，内标物和样品组分都会受到同样的影响，这样消除了系统误差。当对样品的情况不了解、样品的基体很复杂或不需要测定样品中所有组分时，采用这种方法比较合适。

内标物必须满足如下条件：内标物与被测组分的物理化学性质要相似（如沸点、极性、化学结构等）；内标物应能完全溶解于被测样品（或溶剂）中，且不与被测样品起化学反应；内标物的出峰位置应该与被分析物质的出峰位置相近，且又能完全分离，目的是为了避免 GC 的不稳定性所造成的灵敏度的差异；选择合适的内标物加入量，使得内标物和被分析物质二者峰面积的匹配性大于 75%，以免由于它们处在不同响应值区域而导致的灵敏度偏差。

具体作法是准确称取 m(g) 试样 i，加入 m_s(g) 内标物 s，根据试样和内标物的质量比及相应的峰面积之比，由下式计算待测组分的含量

$$\frac{m_i}{m_s}=\frac{f'_iA_i}{f'_sA_s}\qquad m_i=m_s\frac{f'_iA_i}{f'_sA_s}$$

$$c_i=\frac{m_i}{W}\times 100\%=\frac{m_i\dfrac{f'_iA_i}{f'_sA_s}}{W}\times 100\%=\frac{m_i}{W}\times\frac{f'_iA_i}{f'_sA_s}\times 100\%$$

由于内标法以内标物为基准，所以 $f_s=1$。

内标法的优点是定量准确。因为该法是用待测组分和内标物的峰面积的相对值进行计算，所以不要求严格控制进样量和操作条件，试样中含有不出峰的组分时也能使用，但每次分析都要准确称取或量取试样和内标物的量，比较费时。

为了减少称量和测定校正因子，可采用内标标准曲线法——简化内标法。在一定实验条件下，待测组分的含量 m_i 与 A_i/A_s 成正比。先用待测组分的纯品配制一系列已知浓度的标准溶液，加入相同量的内标物；再将同样量的内标物加入同体积的待测样品溶液中，分别进样，测出 A_i/A_s，作 A_i/A_s-m 或 A_i/A_s-c 图，由 A_i/A_s 即可从标准曲线上查得待测组分的含量。

(6) 实验技术

① 色谱柱的清洗　玻璃柱的清洗可选择酸洗液浸泡、冲洗。铜柱可用 10% 的 HCl 溶液浸泡、冲洗。对于不锈钢柱可用 5%～10% NaOH 热水溶液浸泡、冲洗，除去壁管上的油污。然后用自来水洗至中性，最后用蒸馏水冲洗几次，在 120℃ 的烘箱中烘干后备用。对于已经用过的柱子，可选用能溶解固定液的溶剂来洗涤。

② 色谱柱的填充和老化　色谱柱填料制备完毕后，过筛，以除去涂渍过程中产生的细粉，再装柱。装填一般采用减压装柱法。将柱管的一端用玻璃棉或其他透气性好的材料隔层后与真空泵系统相连，另一端通过漏斗加入固定相。在装填固定相时，边抽气边用小木棒轻轻敲打柱管的各个部位，使固定相装填紧密而均匀，直至装满，然后将柱管两端的填料展平后塞入玻璃棉备用。为了彻底清除固定相中残余的溶剂和易挥发物质，使固定液液膜变得更均匀，能牢固地分布在载体表面上，对填充的色谱柱必须进行老化。老化的方法是把柱子入口端（填充时接漏斗端）与汽化室出口相接，另一端放空，通入载气（N_2），流速为 15～20mL/min，先在低柱温下加热 1～2h，然后慢慢将柱温升至固定液最高使用温度下 20～30℃ 为止。老化时间一般为 8～12h。然后接入检测器，观察记录的基线，平直的基线说明老化处理完毕。

③ 色谱仪的日常维护　气路的清洗：色谱仪工作一段时间后，在色谱柱与检测器之间的管路可能被污染，最好卸下来用乙醇浸泡冲洗几次，干燥后再接上。空气压缩机出口至色谱仪空气入口之间，经常会出现冷凝水，应将入口端卸开，再打开空气压缩机吹干。为清洗汽化室，可先卸掉色谱柱，在加热和通载气的情况下，由进样口注入乙醇或丙酮反复清洗，继续加热通载气使汽化室干燥。

热导池检测器的清洗：拆下色谱柱，换上一段干净的短管，通入载气，将柱箱及检测器升温到 200～250℃，从进样口注入 2mL 乙醇或丙酮，重复几次，继续通载气至干燥。如果没清洗干净，可小心卸下检测器，用有机溶剂浸泡、冲洗。切勿将热丝冲断或使其变形，与池体短路。

氢火焰离子化检测器的清洗：发现离子室发黑、生锈、绝缘能力降低而发生漏电时，可卸下收集极、极化极和喷嘴，用乙醇浸泡擦洗，然后用吹风机吹干。再将陶瓷绝缘体用乙醇浸泡、冲洗、吹干。

5.10.2 相关企业资源（引自企业的相关规范、资料、表格）

企业检验记录表示例见表 5-13。

表 5-13 ×××有限公司成品检验记录

产品名称		生产日期	
产品批号		生产数量	
抽样日期		抽样人	
检验依据			
指标名称	指标要求	指标记录	实测值
外观			
色泽			
香气			
甲醇/(mg/kg)	≤2000		
汞/(mg/kg)	≤1		
铅/(mg/kg)	≤40		
砷/(mg/kg)	≤10		
耐热	___℃,24h,恢复至室温,无异味,无分层和变色现象		
耐寒	___℃,24h,恢复至室温,无沉淀和变色现象		
离心分离	2000r/min,30min,无油水分离现象		
菌落总数			
粪大肠菌群	不得检出		
铜绿假单胞菌	不得检出		
金黄色葡萄球菌	不得检出		
霉菌和酵母菌			
检验结论			

批准人： 审核人： 检验人： 批准日期： 审核日期： 检验日期：

5.11 本章中英文对照表

序号	中 文	英 文
1	常规卫生指标	routine health index
2	汞	mercury
3	砷	arsenic
4	铅	lead
5	甲醇	methanol
6	冷原子吸收法	cold atomic absorption
7	氢化物原子荧光光度法	hydride generation-atomic fluorescence spectrometry
8	气相色谱仪	gas chromatography
9	洗面奶	facial cleaning milk
10	玻璃电极	glass electrode
11	参比电极	reference electrode
12	标准缓冲溶液	standard buffer solution
13	花露水	florida water
14	密度瓶	density bottle

6 化妆品特殊卫生指标检验

本章以“功能性化妆品特殊卫生指标检验”的工作任务为载体，展现了化妆品特殊卫生指标检验（test of functional cometic special health index）方案制定、特殊卫生指标检验方法和步骤、产品相关质量判定等的工作思路与方法，渗透了化妆品特殊卫生指标检验中涉及的化妆品类型、化妆品检验的特殊卫生指标体系、特殊卫生指标检验依据和规则、取样与留样规则、检验报告形式及填写等系统的应用性知识。

6.1 祛斑类化妆品中氢醌、苯酚含量的测定（入门项目）

6.1.1 工作任务书

“祛斑类化妆品中氢醌、苯酚含量的测定”工作任务书见表 6-1。

表 6-1 “祛斑类（freckle）化妆品中氢醌（hydroquinone）、苯酚（phenol）含量的测定”工作任务书

工作任务	对企业某批次祛斑类化妆品的抽样检验		
任务情景	杭州市工商局按上级要求对市场上祛斑类化妆品进行了抽检，并把所取样品委托杭州市某检测机构出报告		
任务描述	完成该批次祛斑类特殊卫生指标的检验，并根据实际检验结果作出该批次产品的质量判断（特殊卫生指标部分）		
目标要求	(1)能按要求完成氢醌、苯酚含量的测定的全过程 (2)能根据检验结果对整批产品质量作出初步评价判断		
任务依据	QB/T 1684、GB 5296.3、《化妆品卫生规范》(2007 年版)		
学生角色	杭州市某检测机构员工	项目层次	入门项目
成果形式	项目实施报告（包括功能性化妆品特殊卫生指标检验意义、步骤、方法；实施过程的原始材料：领料单、采样及样品交接单、产品留样单、原始记录单、功能性化妆品特殊卫生指标检验报告单；问题与思考）		
备注			

6.1.2 工作任务实施导航

6.1.2.1 查阅相关国家标准

(1) 查阅途径或方法　参见 2.1.2.1 (1)。

(2) 查阅结果

① QB/T 1684 化妆品检验规则

② GB 5296.3 消费品使用说明化妆品通用标签

③《化妆品卫生规范》(2007 年版)

6.1.2.2 标准及标准解读

(1) 相关标准

《化妆品卫生规范 Hygienic Standard for Cosmetics 2007》
——氢醌[1]、苯酚[2]测定
第二法 气相色谱法[3]

1～8 略

9 方法提要

以乙醇提取化妆品中氢醌和苯酚，用气相色谱法进行分析，以保留时间[4]定性，以标准品峰高或峰面积定量。本方法的检出限[5]苯酚为 0.03μg，氢醌为 0.05μg；定量下限[6]苯酚为 0.10μg，氢醌为 0.16μg。如取 1g 样品测定，本法的检出浓度[7]苯酚为 150μg/g，氢醌为 250μg/g；最低定量浓度[8]苯酚为 500μg/g，氢醌为 830μg/g。

10 试剂

10.1 乙醇[φ(乙醇)=99.9%]。

10.2 氢醌标准溶液[ρ(氢醌)=4g/L]：准确称取色谱纯氢醌 0.400g 于烧杯中，用少量乙醇溶解后移至 100mL 容量瓶中，用乙醇稀释至刻度。此标准溶液可稳定一个月。

10.3 苯酚标准溶液[ρ(苯酚)=2g/L]：准确称取色谱纯苯酚 0.200g 于烧杯中，用少量乙醇溶解后移至 100mL 容量瓶中，用乙醇稀释至刻度。此标准溶液可稳定一个月。

11 仪器

气相色谱仪，具氢火焰离子化检测器。

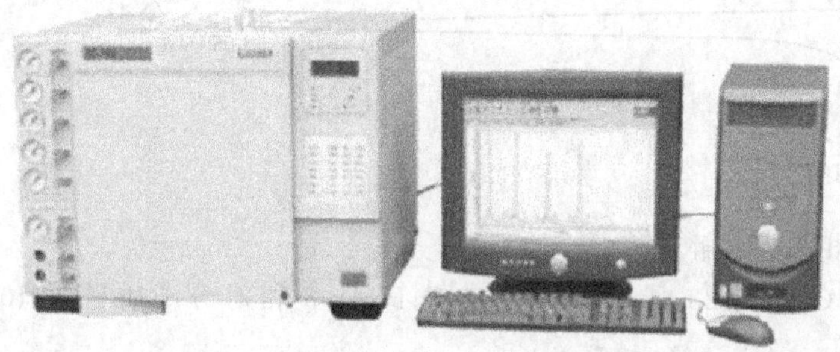

12 分析步骤

12.1 样品预处理

称取样品约 1.0g 于 10mL 具塞比色管中，用乙醇（10.1）溶解，超声振荡[9] 1min，用乙醇（10.1）稀释至刻度，静止后取上清液注入色谱仪，测定其峰高或峰面积。

12.2 色谱参考条件

色谱柱：硬质玻璃柱（长 2m，内径 3mm）；

固定相：10% SE-30，担体：Chromosorb W AW DMCS 60～80 目；

柱室温度：220℃；汽化室温度：280℃；

载气：氮气；

气体流量：氮气 30mL/min，氢气 50mL/min，空气 500mL/min。

12.3 校准曲线的制备

用 5mL 移液管分别准确移取氢醌标准溶液（10.2）1.50、0、2.00、2.50、3.00mL 于 10mL 容量瓶中，用乙醇（10.1）定容至刻度，配制成分别为 0、0.60、0.80、1.00 和 1.20g/L 的氢醌标准系列。

用 5mL 移液管分别准确移取苯酚标准溶液（10.3）0、0.50、1.00、2.00、3.00、4.00、5.00mL 于 10mL 容量瓶中，用乙醇（10.1）定容至刻度，配制成分别为 0、0.10、0.20、0.40、0.60、0.80 和 1.00g/L 的苯酚标准系列。

用 10μL 微量进样器准确取氢醌或苯酚标准系列 2.0μL 注入色谱仪。以氢醌或苯酚含量（g/L）为横坐标，峰高或峰面积为纵坐标绘制标准曲线。

12.4 样品测定

用微量进样器准确吸取 2.0μL 样品溶液，注入色谱仪。每个样品重复测定三次，量取峰高或峰面积，计算平均值。

13 计算

$$w(\text{氢醌或苯酚})=\frac{\rho\times V\times 1000}{m}$$

式中 w(氢醌或苯酚)——样品中氢醌或苯酚的质量分数，μg/g；

ρ——从校准曲线上查出的待测溶液中氢醌、苯酚的质量浓度，g/L；

V——样品定容体积，mL；

m——样品取样量，g。

14 色谱图

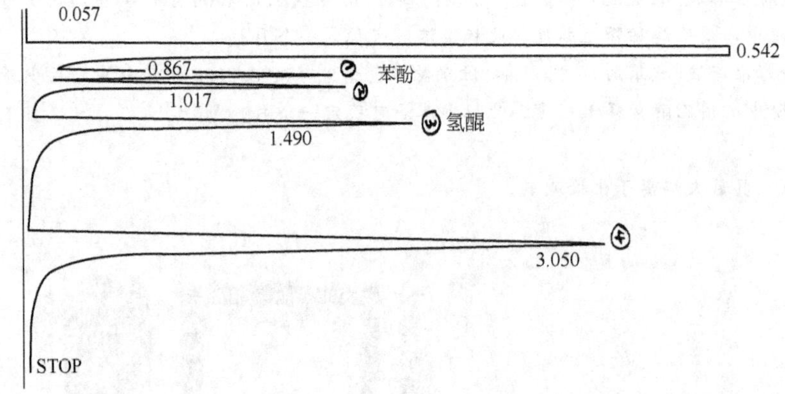

（2）标准的相关内容解读

［1］氢醌 CAS，123-31-9；分子式，$C_6H_6O_2$；相对分子质量，110.11；分子结构，

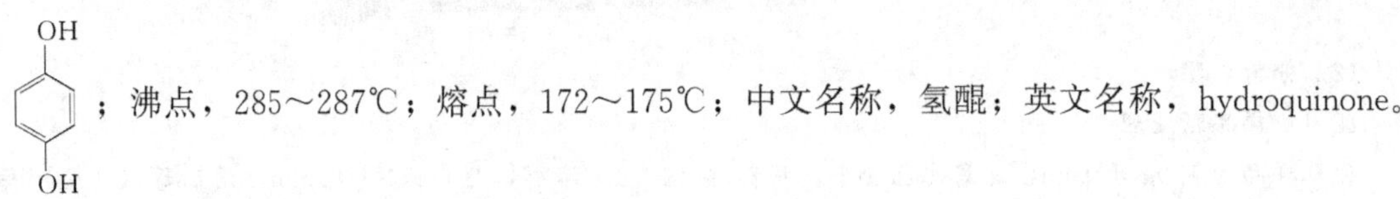

；沸点，285～287℃；熔点，172～175℃；中文名称，氢醌；英文名称，hydroquinone。

［2］苯酚 分子式，C_6H_6OH；相对分子质量，94.11；分子结构，（OH）；相对密度，1.071；熔点，42～43℃；沸点，182℃。

［3］气相色谱法（gas chromatography，GC） 色谱法的一种。色谱法中有两个相，一个相是流动相，另一个相是固定相。如果用液体作流动相，就叫液相色谱，用气体作流动相，就叫气相色谱。

［4］保留时间 被分离样品组分从进样开始到柱后出现该组分浓度极大值时的时间，也即从进样开始到出现某组分色谱峰的顶点时为止所经历的时间，称为此组分的保留时间，用 t_R 表示，常以分（min）为时间单位。

［5］检出限 检出限以浓度（或质量）表示，是指由特定的分析步骤能够合理地检测出的最小分析信号 x_L，求得的最低浓度 c_L（或质量 q_L）。

［6］定量下限 能够对被测物准确定量的最低浓度或质量，称为该方法的定量下限，见表 6-2。

表 6-2 检出限及定量下限的定义

项目	检出限(对应的质量、浓度)	定量下限(对应的质量、浓度)
AAS/AES	3SD	10SD
GC	3倍空白噪声	10倍空白噪声
HPLC	3倍空白噪声	10倍空白噪声
分光光度法	0.005A	0.015A
容量法	X+3SD	X+10SD

[7] 检出浓度 按规范方法操作时，方法检出限对应的被测物浓度。

[8] 最低定量浓度 按规范方法操作时，定量下限对应的被测物浓度。

[9] 超声振荡 见图 6-1。

图 6-1 台式超声波清洗器

6.1.2.3 根据国标制订检验方案

(1) 采样与留样 参见 3.1.2.3 (1)，并按要求填写样品留样标签（见表 3-2）和留样室档案记录表（见表 3-3）等。

(2) 测定与记录

① 试剂

乙醇[φ(乙醇)=99.9%]。

氢醌标准溶液[ρ(氢醌)=4g/L]：准确称取色谱纯氢醌 0.400g 于烧杯中，用少量乙醇溶解后移至 100mL 容量瓶中，用乙醇稀释至刻度。此标准溶液可稳定一个月。

苯酚标准溶液[ρ(苯酚)=2g/L]：准确称取色谱纯苯酚 0.200g 于烧杯中，用少量乙醇溶解后移至 100mL 容量瓶中，用乙醇稀释至刻度。此标准溶液可稳定一个月。

② 仪器 气相色谱仪，具氢火焰离子化检测器。

③ 样品预处理 称取样品约 1.0g 于 10mL 具塞比色管中，用乙醇（10.1）溶解，超声振荡 1min，用乙醇（10.1）稀释至刻度，静置后取上清液注入色谱仪，测定其峰高或峰面积。

④ 色谱参考条件

色谱柱：硬质玻璃柱（长 2m，内径 3mm）；

固定相：10% SE-30，担体：Chromosorb W AW DMCS 60～80 目；

柱室温度：220℃；汽化室温度：280℃；

载气：氮气；

气体流量：氮气 30mL/min，氢气 50mL/min，空气 500mL/min。

⑤ 校准曲线的制备 用 5mL 移液管分别准确移取氢醌标准溶液（10.2）0、1.50、2.00、2.50、3.00mL 于 10mL 容量瓶中，用乙醇（10.1）定容至刻度，配制成分别为 0、0.60、0.80、1.00 和 1.20g/L 的氢醌标准系列。

用 5mL 移液管分别准确移取苯酚标准溶液（10.3）0、0.50、1.00、2.00、3.00、4.00、5.00mL 于 10mL 容量瓶中，用乙醇（10.1）定容至刻度，配制成分别为 0、0.10、0.20、0.40、0.60、0.80 和 1.00g/L 的苯酚标准系列。

用 10μL 微量进样器准确取氢醌或苯酚标准系列 2.0μL 注入色谱仪。以氢醌或苯酚含量

(g/L) 为横坐标，峰高或峰面积为纵坐标绘制标准曲线。

⑥ 样品测定 用微量进样器准确吸取 2.0μL 样品溶液，注入色谱仪。每个样品重复测定三次，量取峰高或峰面积计算平均值。

⑦ 计算

$$w(\text{氢醌或苯酚})=\frac{\rho\times V\times 1000}{m}$$

式中 w(氢醌或苯酚)——样品中氢醌或苯酚的质量分数，μg/g；

ρ——从校准曲线上查出的待测溶液中氢醌、苯酚的质量浓度，g/L；

V——样品定容体积，mL；

m——样品取样量，g。

⑧ 记录观察现象于原始记录表 6-3。

表 6-3 原始记录表

气相色谱法		要求(按 1g 样品)	
		检出浓度	最低定量浓度
特殊卫生指标	氢醌		830μg/g
	苯酚		500μg/g

(3) 成品检验单和检验报告 见表 6-4。

表 6-4 成品检验单

成品名称			成品编号	
规格			出库处	
生产日期		制造编号		检验者
半成品生产日期		检验编号		取样者
取样量		取样地点		取样方法
No.	检验项目	标准规定	实测数据	单项评价
1	氢醌	250μg/g		
2	苯酚	150μg/g		
3	外观	均匀一致		
4	色泽	符合企业规定	—	—
5	香气	符合企业规定	—	—
6	pH[原液/10%水溶液(25℃)]	6.0～6.5/6.0～7.0	—	—
7	黏度(25℃)/Pa·s	80～120	—	—
8	有效物/%	≥10.0	—	—
9	泡沫(40℃)/mm	非透明型≥10	—	—
10	耐热	没有分离、沉淀、变色现象	—	
11	耐寒	恢复室温样品正常	—	
12	微生物	50cfu(最大)		
13	重量	100%以上		

6.2 问题与思考

① 巯基乙酸含量测定的意义？
② GB 及 QB/T 分别代表什么？
③ 功能性化妆品的特殊卫生指标应符合哪些要求？
④ 离子色谱仪的测定原理是什么？

6.3 举一反三（拓展项目）

——请学员自选一种化妆品并完成对其特殊卫生指标的检验与品质判断。
要求：
① 自拟任务书和检验方案；
② 自主完成检验，提交完整原始材料；
③ 完成检验报告，作出产品品质评判。

6.4 教学资源

6.4.1 相关知识技能要点

(1) 氢醌对机体的危害　1989 年，国外学者确认氢醌与外源性皮肤白斑病和褐黄病之间存在因果联系。1992 年，英国皮肤病专家试验证实，虽然氢醌可以抑制表皮黑色素细胞产生黑色素，但同时会渗入真皮并引起胶原纤维增生，如果长期使用含氢醌的增白霜，可导致斑片状色素沉着和皮肤凹凸不平，即外源性褐黄病。氢醌被发现具有美白作用后，再加上价廉易得的特点，因此，其在祛斑漂白类化妆品中的应用越来越广泛。通常人们只是在面部使用此类化妆品，以达到淡化色斑、美白肌肤的目的；另外一些治疗黑斑病的外涂药品中也含有氢醌。近年发现，在长期使用皮肤增白霜剂及由于职业关系长期接触照相显影液的人群会出现永久性的皮肤损伤。通过对长期使用氢醌的病例进行分析发现，氢醌对机体的危害存在量-效与时-效关系。

(2) 苯酚对机体的危害　低浓度酚能使蛋白质变性，高浓度能使蛋白质沉淀。对皮肤、黏膜有强烈的腐蚀作用，也可抑制中枢神经系统或损害肝、肾功能。水溶液比纯酚易经皮肤吸收，而乳剂更易吸收。吸入的酚大部分滞留在肺内，停止接触很快排出体外。吸收的酚大部分以原形或与硫酸、葡萄糖醛酸或其他酸结合随尿排出，一部分经氧化变为邻苯二酚和对苯二酚随尿排出，使尿呈棕黑色（酚尿）。

(3) 功能性化妆品　指能影响皮肤结构和功能，防止皮肤老化、解决皮肤问题的化妆品。其所含的药物和生化成分能渗入皮肤的真皮层，从分子水平、细胞功能和组织结构上调整、修复装饰皮肤，而不像一般日用化工企业生产的化妆品那样，只停留在皮肤表白，起美化、遮盖作用。功能性化妆品将是 21 世纪化妆品的主流。

(4) 功能化妆品分类

① 按化妆品作用对象分类

皮肤护理：包括防晒和其他皮肤护理品。

头发护理：包括洗发香波、护发剂和保护头皮健康的护发品。

身体护理：包括除臭剂和广泛范围的个人护理品。

化妆护理：包括护甲、护眼和彩妆美容产品。

大多数功能化妆品绝大多数是皮肤护理品，特别强调防晒品类；其次第二大类是护发品。

② 按性别化使用来分类

男性功能性化妆品：头发再生、抗衰老、抗头皮屑、抗汗、抗皮炎、抗牙齿腐蚀、抗脚癣以及作为收敛剂。

女性功能性化妆品：抗皱纹、丰乳、苗条（抗脂肪团）、脱毛、口腔卫生、皮肤变棕色、皮肤美白、细胞再生复原、抗自由基、抗静脉曲张。

③ 最近几十年，最流行和最有争议的功能化妆品，有些含有果酸：α-羟基酸（AHA）和β-羟基酸（BHA），它们都是非常流行的“抗衰老物质”。

6.4.2 相关企业资源

某检测机构检验记录见表 6-5。

表 6-5 某检测机构检验记录表

<table>
<tr><td>产品名称</td><td></td><td>生产日期</td><td colspan="2"></td></tr>
<tr><td>产品批号</td><td></td><td>生产数量</td><td colspan="2"></td></tr>
<tr><td>抽样日期</td><td></td><td>抽样人</td><td colspan="2"></td></tr>
<tr><td>检验依据</td><td colspan="4"></td></tr>
<tr><td>指标名称</td><td colspan="2">指标要求</td><td>指标记录</td><td>实测值</td></tr>
<tr><td>汞</td><td colspan="2"></td><td></td><td></td></tr>
<tr><td>砷</td><td colspan="2"></td><td></td><td></td></tr>
<tr><td>铅</td><td colspan="2"></td><td></td><td></td></tr>
<tr><td>甲醇</td><td colspan="2"></td><td></td><td></td></tr>
<tr><td>游离氢氧化物</td><td colspan="2"></td><td></td><td></td></tr>
<tr><td>pH 值</td><td colspan="2"></td><td></td><td></td></tr>
<tr><td>镉</td><td colspan="2"></td><td></td><td></td></tr>
<tr><td>锶</td><td colspan="2"></td><td></td><td></td></tr>
<tr><td>总氟</td><td colspan="2"></td><td></td><td></td></tr>
<tr><td>总硒</td><td colspan="2"></td><td></td><td></td></tr>
<tr><td>硼酸和硼酸盐</td><td colspan="2"></td><td></td><td></td></tr>
<tr><td>二氧化硒</td><td colspan="2"></td><td></td><td></td></tr>
<tr><td>巯基乙酸</td><td colspan="2"></td><td></td><td></td></tr>
<tr><td>氢醌、苯酚</td><td colspan="2"></td><td></td><td></td></tr>
<tr><td>性激素</td><td colspan="2"></td><td></td><td></td></tr>
<tr><td>防晒剂</td><td colspan="2"></td><td></td><td></td></tr>
<tr><td>防腐剂</td><td colspan="2"></td><td></td><td></td></tr>
<tr><td>去屑剂</td><td colspan="2"></td><td></td><td></td></tr>
<tr><td>氧化型染发剂中染料</td><td colspan="2"></td><td></td><td></td></tr>
<tr><td>氮芥</td><td colspan="2"></td><td></td><td></td></tr>
<tr><td>α-羟基酸</td><td colspan="2"></td><td></td><td></td></tr>
<tr><td>维生素 D_2、维生素 D_3</td><td colspan="2"></td><td></td><td></td></tr>
<tr><td>可溶性锌盐</td><td colspan="2"></td><td></td><td></td></tr>
<tr><td>斑蝥素</td><td colspan="2"></td><td></td><td></td></tr>
<tr><td>抗生素、甲硝唑</td><td colspan="2"></td><td></td><td></td></tr>
<tr><td>检验结论</td><td colspan="4"></td></tr>
</table>

批准人： 审核人： 检验人： 批准日期： 审核日期： 检验日期：

6.5 本章中英文对照表

序号	中　文	英　文
1	功能性化妆品	functional cometic
2	特殊卫生指标	special health index
3	化妆品卫生规范	hygienic standard for cosmetics
4	祛斑	freckle
5	氢醌	hydroquinone
6	苯酚	phenol
7	气相色谱法	gas chromatography

7　化妆品及其生产环境的微生物指标检验

本章以“功能性化妆品和生产环境中的微生物（microbial）检验”的工作任务为载体，展现了化妆品和生产环境中微生物检验方案制定、微生物检验方法和步骤、相关指标判定等的工作思路与方法，渗透了化妆品微生物检验中涉及的化妆品样品处理、化妆品中主要微生物检验的指标体系、主要微生物检验依据和规则、检验报告形式及填写等系统的应用性知识。

常规化妆品微生物检验主要有菌落总数（total colonies）、粪大肠菌群（Fecal coliforms）、铜绿假单胞菌（*Pseudomonas aeruginosa*）、金黄色葡萄球菌（*Staphylococcus aureus*）、霉菌（mould）和酵母菌数（yeast）检验等，同时为保证产品的卫生标准，还包括生产环境中污染菌的检测。检验人员应根据具体产品标准测定相应项目，并判定合格与否。

7.1　洗面奶中菌落总数的测定（入门项目）

7.1.1　工作任务书

“洗面奶中细菌总数检验”工作任务书见表 7-1。

表 7-1　“洗面奶中细菌总数检验”工作任务书

<table>
<tr><td>工作任务</td><td colspan="3">某批次洗面奶的出厂检验</td></tr>
<tr><td>任务情景</td><td colspan="3">企业乙为企业甲加工生产若干批批量为 20000 件的洗面奶，企业乙完成了某批次的加工任务，在准备向企业甲交货前进行出厂前检验</td></tr>
<tr><td>任务描述</td><td colspan="3">完成该批次洗面奶微生物指标的检验，并根据实际检验结果作出该批次产品的质量判断(微生物指标部分)</td></tr>
<tr><td>目标要求</td><td colspan="3">(1)能按要求完成细菌总数检验
(2)能根据检验结果对整批产品质量作出初步评价判断</td></tr>
<tr><td>任务依据</td><td colspan="3">GB/T 7918.2—1987、GB 7916—1987、GB 7918.1—1987 的应用</td></tr>
<tr><td>学生角色</td><td>企业乙的质检部员工</td><td>项目层次</td><td>入门项目</td></tr>
<tr><td>备注</td><td colspan="3">成果材料要求制作成规范的文档上交或制作电子文档上传课程网站，原始记录要求表格事先设计，数据现场记录(上传课程网站的原始记录表以原始件影印形式编入电子文档)</td></tr>
</table>

7.1.2　工作任务实施导航

7.1.2.1　查阅相关国家标准

（1）查阅途径或方法　参见 2.1.2.1（1）。

（2）查阅结果

① GB/T 7918.2—1987　化妆品微生物标准检验方法　细菌总数测定

② GB 7916—1987　化妆品卫生标准

③ GB 7918.1—1987 化妆品微生物标准检验方法总则

7.1.2.2 标准及标准解读

（1）相关标准

GB/T 7918.2—1987——化妆品微生物标准检验方法 细菌总数测定

细菌总数系指1g或1mL化妆品中所含的活菌数量。测定细菌总数可用来判明化妆品被细菌污染的程度，以及生产单位所用的原料、工具设备、工艺流程、操作者的卫生状况，是对化妆品进行卫生学评价的综合依据。

本标准采用标准平板计数法[1]。

方法提要：

化妆品中污染的细菌（bacteria）种类不同。每种细菌都有它一定的生理特性，培养时对营养要求、培养温度、培养时间、pH值、需氧性质等均有所不同。在实际工作中，不可能做到满足所有菌的要求，因此所测定的结果，只包括在本方法所使用的条件下（在卵磷脂、吐温80营养琼脂上，于37℃培养48h）生长的一群嗜中温的需氧及兼性厌氧的细菌总数。

1 培养基（medium）与试剂

1.1 生理盐水（physiological saline）：氯化钠8.5g，蒸馏水1000mL，溶解后分装到加有玻璃珠的锥形瓶内，每瓶90mL，121℃ 20min高压灭菌[2]。

1.2 卵磷脂、吐温80-营养琼脂培养基

成分：蛋白胨 20g

牛肉膏 3g

氯化钠 5g

琼脂 15g

卵磷脂 1g

吐温80 7g

蒸馏水 1000mL

制法：先将卵磷脂加到少量蒸馏水中，加热熔解，加入吐温80将其他成分（除琼脂外）加到其余的蒸馏水中，溶解。加入已溶解的卵磷脂、吐温80，混匀，调pH值为7.1～7.4，加入琼脂，121℃ 20min高压灭菌，储存于冷暗处备用。

1.3 0.5%的氯化三苯四氮唑（TTC）

成分：TTC 0.5g

蒸馏水 1000mL

溶解后过滤，103.43kPa（121℃，15lb）20min高压灭菌（high pressure sterilization），装于棕色试剂瓶，置4℃冰箱备用。

2 仪器：锥形烧瓶、量筒、pH计或pH试纸、高压消毒锅、试管、平皿、刻度吸管（1mL、2mL、10mL）、酒精灯、恒温培养箱、放大镜。

3 操作程序

用灭菌吸管吸取1∶10稀释的检样2mL，分别注入到两个灭菌平皿内，每皿1mL。另取1mL注入到9mL灭菌生理盐水试管中（注意勿使吸管接触液面），更换一支吸管，并充分混匀，使成1∶100稀释液。吸取2mL，分别注入到两个平皿内，每皿1mL。如样品含菌量高，还可再稀释成1∶1000、1∶10000等，每种稀释度应换1支吸管。

将熔化并冷至45～50℃卵磷脂、吐温80、营养琼脂培养基倾注平皿内[3]，每皿约15mL，另倾注一个不加样品的灭菌空平皿，作空白对照[4]。随即转动平皿，使样品与培养基充分混合均匀，待琼脂凝固后，翻转平皿，置37℃培养箱内培养48h。

4 菌落计数

先用肉眼观察，点数菌落数，然后再用放大5～10倍的放大镜检查，以防遗漏。记下各平皿的菌落数后。求出同一稀释度各平皿生长的平均菌落数。若平皿中有连成片状的菌落或花点样菌落蔓延生长时，该平皿不宜计数。若片状菌落不到平皿中的一半，而其余一半中菌落数分布又很均匀，则可将此半个平皿菌落计数后乘2，以代表全皿菌落数。

菌落计数及报告方法：

4.1 总则

用肉眼观察，点数菌落数，然后再用放大5～10倍的放大镜检查，以防遗漏。记下各平皿的菌落数后，求出同一稀释度各平皿生长的平均菌落数。若平皿中有连成片状的菌落或花点样菌落蔓延生长时，该平皿不宜计数。若片状菌落不到平皿中的一半，而其余一半中菌落数分布又很均匀，则可将此半个平皿菌落计数后乘以2，以代表全皿菌落数。

4.2 方法

首先选取平均菌落数在30～300个之间的平皿，作为菌落总数测定的范围。当只有一个稀释度的平均菌落数符合此范围时，即以该平皿菌落数乘其稀释倍数。

若有两个稀释度，其平均菌落数均在30～300个之间，则应求出两菌落总数之比值来决定，若其比值小于或等于2，应报告其平均数，若大于2则报告其中稀释度较低的平皿的菌落数。

若所有稀释度的平均菌落数均大于300个，则应按稀释度最高的平均菌落数乘以稀释倍数报告之。

若所有稀释度的平均菌落数均小于30个，则应按稀释度最低的平均菌落数乘以稀释倍数报告之。

若所有稀释度的平均菌落数均不在30～300个之间，其中一个稀释度大于300个，而相邻的另一稀释度小于30个时，则以接近30或300的平均菌落数乘以稀释倍数报告之。

若所有的稀释度均无菌生长，报告数为每g或每mL小于10cfu。

菌落计数的报告，菌落数在10以内时，按实有数值报告之，大于100时，采用二位有效数字，在二位有效数字后面的数值，应以四舍五入法计算。为了缩短数字后面零的个数，可用10的指数来表示。在报告菌落数为“不可计”时，应注明样品的稀释度。

(2) 标准的相关内容解读

[1] 标准平板计数法　平板菌落计数法，是种统计物品含菌数的有效方法。方法如下：将待测样品经适当稀释之后，其中的微生物充分分散成单个细胞，取一定量的稀释样液涂布到平板上，经过培养，由每个单细胞（cell）生长繁殖而形成肉眼可见的菌落，即一个单菌落应代表原样品中的一个单细胞；统计菌落数，根据其稀释倍数和取样接种量即可换算出样品中的含菌数。

[2] 灭菌　实验室常用的灭菌方法有干热灭菌、高压蒸汽灭菌、紫外灭菌、间歇灭菌、过滤灭菌。

高压蒸汽灭菌：高压蒸汽灭菌为湿热灭菌方法的一种，是微生物培养中最重要的灭菌方法。这种灭菌方法是基于水在煮沸时所形成的蒸汽不能扩散到外面去，而聚集在密封的容器中，在密闭的情况下，随着水的煮沸，蒸汽压力升高，温度也相应增高。

高压蒸汽灭菌法是最有效的灭菌法，能迅速地达到完全彻底灭菌。一般在15lbf/in^2 (1lbf/in^2=6894.76Pa) 压力下（121.6℃），15～30min，所有微生物包括芽孢在内都可杀死。它适用于对一般培养基和玻璃器皿的灭菌。

进行高压蒸汽灭菌的容器是高压蒸汽灭菌锅。高压蒸汽灭菌锅是一个能耐压又可以密闭的金属锅，有立式与卧式两种。

干热灭菌：干热灭菌法是指在干燥环境（如火焰或干热空气）中进行灭菌的技术，一般有火焰灭菌法和干热空气灭菌法。

本法适用于干燥粉末、凡士林、油脂的灭菌，也适用于玻璃器皿（如试管、平皿、吸管、注射器）和金属器具（如测定效价的钢管、针头、镊子、剪刀等）的灭菌。

微生物培养中常用的干热灭菌是指热空气灭菌。一般在电烘箱中进行。干热灭菌所需温度较湿热灭菌高，时间也较湿热灭菌长。这是因为蛋白质在干燥无水的情况下不容易凝固。一般需在160℃左右保持恒温3～4h，方能达到灭菌的目的。

干热灭菌适用于空玻璃器皿的灭菌，凡带有橡胶的物品和培养基，都不能进行干热灭菌。

过滤灭菌：不能用加热灭菌的液体物质（如维生素、血清），一般可用细菌过滤器进行除菌。

［3］培养基倾注平皿要求

① 培养基倾注应在靠近火焰的无菌区操作；

② 锥形瓶应伸入至培养皿内，切忌沿培养皿壁倾倒；

③ 锥形瓶口不应接触培养皿。

具体操作方法见操作图7-1。

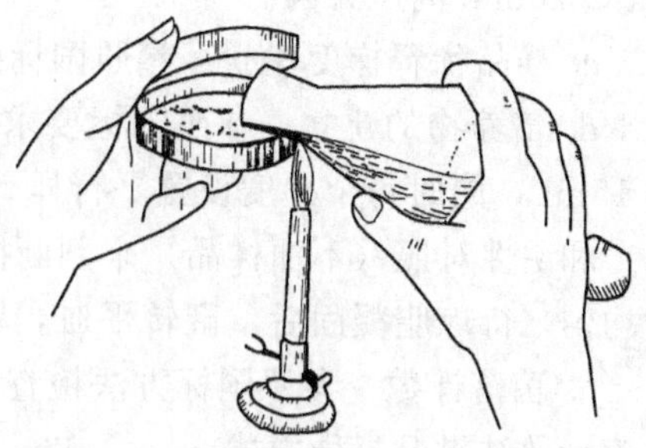

图7-1 培养基倾注平皿操作法示意图

［4］对照 微生物检验中对照包括阴性（negative）对照和阳性（positive）对照两种。

阴性对照：为检验无菌操作的规范性而设立的，以加灭菌生理盐水或者不加的纯培养物。

阳性对照：为检验操作的正确性，以阳性菌种稀释液混合的培养物。

(3) 根据国标制定检验方案

① 采样及留样 参见3.1.2.3 (1)。

样品采集的注意事项如下。

a. 接到样品后，应立即登记，编写检验序号，并按检验要求尽快检验。如不能及时检验，样品应放在室温阴凉干燥处，不要冷藏或冷冻。

b. 若只有一份样品而同时需做多种分析，如微生物、毒理、化学等，应先做微生物检验，再将剩余样品做其他分析。

c. 在检验过程中，从打开包装到全部检验操作结束，均需防止微生物的再污染和扩散，所用采样用具、器皿及材料均应事先灭菌，全部操作应在无菌室内进行，或在相应条件下，按无菌操作规定进行。

② 供检样品的制备

a. 液体样品 水溶性的液体样品，量取10mL加到90mL灭菌生理盐水中，混匀后，制成1∶10检液。

油性液体样品，取样品10mL，先加5mL灭菌液体石蜡混匀，再加10mL灭菌的吐温80，在40～44℃水浴中振荡混合10min，加入灭菌的生理盐水75mL（在40～44℃水浴中预温），在40～44℃水浴中乳化，制成1∶10的悬液。

b. 膏、霜、乳剂半固体状样品 亲水性样品：称取10g，加到装有玻璃珠及90mL灭菌生理盐水的锥形瓶中，充分振荡混匀，静置15min。取其上清液作为1∶10的检液。

疏水性样品：称取10g，放到灭菌的研钵中，加10mL灭菌液体石蜡，研磨成黏稠状，再加入10mL灭菌吐温80，研磨待溶解后，加70mL灭菌生理盐水，在40～44℃水浴中充分混合，制成1∶10检液。

c. 固体样品　称取10g，加到90mL灭菌生理盐水中，充分振荡混匀，使其分散混悬，静置后，取上清液作为1∶10的检液。

如有均质器，上述水溶性膏、霜、粉剂等，可称10g样品加入90mL灭菌生理盐水，均质1～2min；疏水性膏、霜及眉笔、口红等，称10g样品，加10mL灭菌液体石蜡，10mL灭菌吐温80，70mL灭菌生理盐水，均质3～5min。

③ 检验与记录

a. 玻璃仪器清洗和灭菌　准备检验项目所需要的吸管和培养皿，并进行160～170℃干热灭菌2～4h。

b. 培养基和无菌生理盐水配制并灭菌　参照国标要求配制培养基和生理盐水，并进行121℃ 20min高压灭菌。

c. 样品稀释梯度建立　参照国标要求建立样品的稀释梯度。

d. 培养物的建立　参照国标要求将配制好的培养基（45～50℃）倾注于平皿内，每皿约15mL，同时每个梯度设置平行样，另根据需要建立阳性对照（以阳性菌作为检验样品注入）和阴性对照（不加样品）来判断操作的准确性。随即转动平皿，使样品与培养基充分混合均匀，待琼脂凝固后，翻转平皿，置37℃培养箱内培养48h。

e. 菌落计数　参照国标方法检查菌落数，并按照菌落计数方法进行计数，记录至表7-2菌落计数结果及报告方式。

表7-2　菌落计数结果及报告方式

例次	不同稀释度平均菌落数 10^{-1}	10^{-2}	10^{-3}	两稀释度菌数之比	菌落总数 cfu/mL或cfu/g	报告方式 cfu/mL或cfu/g
1						
2						
3						
4						

注：cfu为菌落形成单位。

④ 成品检验报告　根据对本批次的产品检验，其检验结果见表7-3。

表7-3　检测报告

检验项目						
供检样制备方法						
超净工作台菌落数/个	平皿1		平皿2		平均	
培养基名称	卵磷脂吐温80营养琼脂		配制日期		培养温度	
平皿号	10^{-1}	10^{-2}		10^{-3}	备注	
1						
2						
平均菌落数						
阴性对照试验						
菌落总数计算						
项目结论			检验人			

7.1.3 问题与思考

① 在进行菌落计数时，如何计算菌落数？

② 对于企业要求的数据，根据国标要求如何填写原始数据记录表和检验报告表？

7.2 化妆品生产环境中污染菌的检验（自主项目）

7.2.1 工作任务书

“化妆品生产环境中污染菌的检验”工作任务书见表 7-4。

表 7-4 “化妆品生产环境中污染菌的检验”工作任务书

工作任务	某企业化妆品生产环境污染菌的检验		
任务情景	企业乙为企业甲加工生产若干批批量为 20000 件的化妆品，企业乙在产品生产前对生产环境进行污染菌检验		
任务描述	完成该企业生产用水、厂房空气、生产环境物体表面的污染菌指标的检验，并根据实际检验结果作出企业生产环境的卫生指标判断		
目标要求	(1)能按要求独立完成生产化妆品用水的染菌检验、化妆品生产厂房空气微生物检验、化妆品生产环境物体表面微生物检测等生产环境中污染菌的采样与检验 (2)能正确完成显微镜的操作和革兰染色(Gram's staining) (3)能根据检验结果对企业生产环境的卫生指标作出初步评价判断		
任务依据	化妆品生产企业卫生规范		
学生角色	企业乙的质检部员工	项目层次	自主项目
备注	成果材料要求制作成规范的文档上交或以电子文档形式上传课程网站，原始记录要求表格事先设计，数据现场记录(上传课程网站的原始记录表可以原始件影印形式编入电子文档)		

7.2.2 项目实施基本要求

① 以团队组合完成工作任务；

② 查阅相关国家标准，展示查阅结果；

③ 解读国家标准。理解检验意义、步骤、方法、相关原理；根据国标制定检验方案，设计相关表格，列出工具与材料；

④ 根据检验方案实施检验（可参考本章“7.7.1 相关知识技能要点”的相关内容），填写原始记录和检验报告；

⑤ 成果材料整理与提交。

7.2.3 问题与思考

① 生产企业中环境污染菌检测的意义？

② 对于自然沉降法中，培养皿的位置选择的原则是什么？

③ 对于生产环境物体表面污染菌检测选用什么材料取菌？

7.3 化妆品中粪大肠菌群的检验（自主项目）

7.3.1 工作任务书

“化妆品中粪大肠菌群的检验”工作任务书见表 7-5。

表 7-5 “化妆品中粪大肠菌群的检验”工作任务书

工作任务	某批次化妆品的出厂检验		
任务情景	企业乙为企业甲加工生产若干批批量为 20000 件的化妆品，企业乙完成了某批次的加工任务，在准备向企业甲交货前进行出厂前检验		
任务描述	完成该批次化妆品粪大肠菌群指标的检验，并根据实际检验结果作出该批次产品的质量判断		
目标要求	(1)能按要求独立完成粪大肠菌群检验 (2)能正确完成显微镜的操作和革兰染色 (3)能根据检验结果对整批产品质量作出初步评价判断		
任务依据	化妆品卫生规范 2007 微生物检测部分、GB 7918.3—1987		
学生角色	企业乙的质检部员工	项目层次	自主项目
备注	成果材料要求制作成规范的电子文档打印上交或上传课程网站，原始记录要求表格事先设计，数据现场记录(上传课程网站的原始记录表以原始件影印形式编入电子文档)		

7.3.2 项目实施基本要求

参照本章 7.2.2 节。

7.3.3 问题与思考

① 如何避免染色的假阳性？

② 对于革兰染色中，如何通过每一步的颜色判断检测操作的合理性？

7.4 化妆品中铜绿假单胞菌的检验（自主项目）

7.4.1 工作任务书

“化妆品中铜绿假单胞菌的检验”工作任务书见表 7-6。

表 7-6 “化妆品中铜绿假单胞菌的检验”工作任务书

工作任务	某批次化妆品的出厂检验		
任务情景	企业乙为企业甲加工生产若干批批量为 20000 件的化妆品，企业乙完成了某批次的加工任务，在准备向企业甲交货前进行出厂前检验		
任务描述	完成该批次化妆品铜绿假单胞菌的检验，并根据实际检验结果作出该批次产品的质量判断		
目标要求	(1)能按要求独立完成铜绿假单胞菌检验 (2)能正确完成显微镜的操作和革兰染色 (3)能根据检验结果对整批产品质量作出初步评价判断		
任务依据	化妆品卫生规范 2007 微生物检测部分、GB 7918.4—1987 的应用		
学生角色	企业乙的质检部员工	项目层次	自主项目
备注	成果材料要求制作成规范的电子文档打印上交或上传课程网站，原始记录要求表格事先设计，数据现场记录(上传课程网站的原始记录表以原始件影印形式编入电子文档)		

7.4.2 项目实施基本要求

参照本章 7.2.2 节。

7.4.3 问题与思考

① 接种操作时，哪些相关因素影响无菌操作？

② 根据菌种要求，如何确定采用何种接种方法？

7.5 化妆品中金黄色葡萄球菌的检验（拓展项目）

参照 7.1 节，自拟工作任务书，检索相关标准并解读项目、制定实施方案并实施和完成检验报告。

7.6 化妆品中霉菌和酵母菌数的检测（拓展项目）

参照 7.1 节自拟工作任务书，检索相关标准并解读项目、制定实施方案并实施和完成检验报告。

7.7 教学资源

7.7.1 相关知识技能要点

7.7.1.1 生产化妆品用水的染菌检验要点

以无菌操作方法用灭菌吸管吸取 1mL 充分混匀的水样，注入灭菌平皿中，倾注约 15mL 已融化并冷却到 46℃左右的营养琼脂培养基，并立即旋摇平皿，使水样与培养基充分混匀。每次检验时应平行接种两个平皿，同时另用一个平皿只倾注营养琼脂培养基作为空白对照。待冷却凝固后，翻转平皿，使底面在上，置于 37℃恒温箱内培养 24h，进行菌落计数，即为 1mL 水中的细菌总数。

7.7.1.2 化妆品生产厂房空气微生物检验要点

（1）采样　一般厂房应设五个采样点，即室内墙对角线交叉处的中点和与中点等距的四角各点。采样高度为 1.5m。

（2）检测方法——自然沉降法（平板暴露法）　将营养琼脂平板（平皿直径为 9cm）置于采样点，暴露 5min（洁净厂房暴露时间可延长）后，置 37℃培养 24h，记录每个平板上的菌落数，并求出全部采样点的平均菌落数。按下列公式计算 $1m^3$ 的菌数：

$$菌数/m^3=50000N/AT$$

式中，N 为平板计数的平均菌落数，根据采样的原理可分为滤过式、撞击式、静电式、离心式和液体冲击式等。这些采样器各有优缺点，目前国际上公认的定量采样方法是裂隙撞击式采样器，如 Calssela 采样器、Andersen 采样器、NBS 采样器、我国研制的 JWL-Ⅰ型和Ⅱ型采样器、THK-201 型采样器、仿安德森 2 级和仿安德森 6 级空气微生物采样器等均属于此类。采样时，将采样器置于采样点，按仪器使用说明进行采样，并记录当时温度、相对湿度及人员活动情况，经培养后，计数所生长的菌落数，再换算成每立方米空气中的细菌数。

7.7.1.3 化妆品生产环境物体表面微生物检测要点

（1）光滑物体表面（如操作台面，较大机器表面）的采样　可用 5cm×5cm 的标准灭菌规格板，放在被检物体表面，根据物体表面大小，采样 1～4 个，用浸有无菌稀释液的棉拭子在规定板内来回均匀涂抹整个方格各部位，并随之转动拭子，剪去手接触部位后，将棉拭子放入 5mL 稀释液的试管内振打 80 次，作适当稀释后，取 1mL 注入平皿，倾注普通营养琼脂，进行活菌计数，每个稀释度至少作 2 个平行样，计算被检物体表面污染微生物的数量，如检验机器的沟缝等处时，将机器拆卸，直接用棉拭子涂抹。

$$物体表面污染微生物数(cfu/cm^2)=\frac{平板上菌落的平均数\times稀释度\times5}{采样面积(cm^2)}$$

(2) 手的采样　被检人五指并拢，将浸有无菌稀释液的棉拭子在双手指屈面从指根到指端来回涂抹两次，并随之转动采样棉拭子，剪去手接触部位，将棉拭子放入 5mL 稀释液的试管中振打 80 次，采样液作适当稀释后取 1mL 接种平板，作活菌计数。

$$手污染总数(cfu/只)=平板上菌落数\times稀释倍数\times5/2$$

(3) 容器　根据容器大小将适量的无菌稀释液加到容器内，盖紧盖子，振打 80 次，采样液作适当稀释后接种平板。广口瓶或盒也可用无菌棉拭子涂抹方法采样。

$$容器污染总菌数(cfu/个)=平板上菌落数\times稀释倍数\times所加稀释液量$$

如怀疑有某种菌污染时，取样后，按该菌的标准检验。

7.7.1.4　微生物接种的方法

(1) 斜面接种

① 操作前，先用 75%酒精擦手，待酒精挥发后点燃酒精灯。

② 将菌种管和斜面握在左手大拇指和其他四指之间，使斜面和有菌种的一面向上，并处于水平位置。

③ 先将菌种和斜面的棉塞旋转一下，以使接种时便于拔出。

④ 左手拿接种环（如握钢笔一样），以火焰上先将环端烧红灭菌，然后将有可能伸入试管其余部位也过火灭菌。

⑤ 用右手的无名指、小指和手掌将菌种管和待接斜面试管的棉塞或试管帽同时拔出，然后让试管口缓缓过火灭菌（切勿烧过烫）。

⑥ 将灼烧过的接种环伸入菌种管内，接种环在试管内壁或未长菌苔的培养基上接触一下，让其充分冷却，然后轻轻刮取少许菌苔，再从菌种管内抽出接种环。

⑦ 迅速将沾有菌种的接种环伸入另一支待接斜面试管。从斜面底部向上作“Z”形来回密集划线。有时也可用接种针仅在培养基的中央拉一条线来作斜面接种，以便观察菌种的生长特点。

⑧ 接种完毕后抽出接种环灼烧管口，塞上棉塞。

⑨ 将接种环烧红灭菌。放下接种环，再将棉塞旋紧。

(2) 液体接种

① 由斜面培养基接入液体培养基，此法用于观察细菌的生长特性和生化反应的测定，操作方法与前相同，但使试管口向上斜，以免培养液流出接入菌体后，使接种环和管内壁摩擦几下以利洗下环上菌体。接种后塞好棉塞，将试管在手掌中轻轻敲打，使菌体充分分散。

② 由液体培养基接种液体培养基，菌种是液体时，接处除用接种环外尚需用无菌吸管或滴管。接种时只需在火焰旁拔出棉塞，将管口通过火焰，用无菌吸管吸取菌液注入培养液内，摇匀即可。

(3) 平板接种　将菌在平板上划线和涂布。

① 划线接种　见分离划线法。

② 涂布接种　用无菌吸管吸取菌液注入平板后，用灭菌的玻棒在平板表面作均匀涂布。

（4）穿刺接种　把菌种接种到固体深层培养基中，此法用于嫌气性细菌接种或为鉴定细菌时观察生理性能用。

① 操作方法与上述相同，但所用的接种针应挺直。

② 将接种针自培养基中心刺入，直刺到接近管底，但勿穿透，然后沿原穿刺途径慢慢拔出。

7.7.2 相关国家标准

GB 7918[1].3—1987　化妆品微生物标准检验方法　粪大肠菌群

GB 7918[1].5—1987　化妆品微生物标准检验方法　金黄色葡萄球菌

GB 7918[1].2—1987　化妆品微生物标准检验方法　细菌总数测定

GB/T 7918.1—1987　化妆品微生物标准检验方法　总则

GB 7918[1].4—1987　化妆品微生物标准检验方法　绿脓杆菌

7.8 本章中英文对照表

序号	中文	英文	序号	中文	英文
1	微生物	microbial	9	培养基	medium
2	菌落总数	total colonies	10	生理盐水	physiological saline
3	粪大肠菌群	Fecal coliforms	11	高压灭菌	high pressure sterilization
4	铜绿假单胞菌	*Pseudomonas aeruginosa*	12	细胞	cell
5	金黄色葡萄球菌	*Staphylococcus aureus*	13	阴性	negative
6	霉菌	mould	14	阳性	positive
7	酵母菌	yeast	15	革兰染色	Gram's staining
8	细菌	bacteria			

8 日用化工产品的常规原料质量控制检验

本章以“洗衣粉（laundry powders）和洗洁精（detergent）的常规原料质量控制检验”的工作任务为载体，展现了日用化工产品的常规原料质量控制检验方案制定、质量控制检验方法和步骤、常规原料相关质量判定等的工作思路与方法，渗透了日用化工产品的常规原料质量控制检验中涉及的日用化工产品的常规原料类型、日用化工产品的常规原料检验的质量控制指标体系、质量控制指标检验依据和规则、取样与留样规则、检验报告形式及填写等系统的应用性知识。

8.1 洗衣粉的常规原料十二烷基苯磺酸质量控制检验（入门项目）

8.1.1 工作任务书

“十二烷基苯磺酸质量控制检验”工作任务书见表 8-1。

表 8-1 “十二烷基苯磺酸质量控制检验”工作任务书

工作任务	某批次十二烷基苯磺酸的检验		
任务情景	企业乙从企业甲购入 10t 十二烷基苯磺酸原料，需进行原料质量控制检验		
任务描述	完成该批次十二烷基苯磺酸的检验，并根据实际检验结果作出该批次产品的质量判断（十二烷基苯磺酸含量指标部分）		
目标要求	(1)能按要求完成十二烷基苯磺酸含量指标检验的全过程 (2)能根据检验结果对整批产品质量作出初步评价判断		
任务依据	GB/T 8447—2008、GB/T 5173—1995 的应用		
学生角色	企业乙的质检部员工	项目层次	入门项目
成果形式	项目实施报告（包括十二烷基苯磺酸含量指标检验意义、步骤、方法；实施过程的原始材料：领料单、采样及样品交接单、样品留样单、原始记录单、检验报告单；问题与思考）		
备注	成果材料要求制作成规范的电子文档打印上交或上传课程网站，原始记录要求表格事先设计，数据现场记录（上传课程网站的原始记录表以原始件影印形式编入电子文档）		

8.1.2 工作任务实施导航

8.1.2.1 查阅相关国家标准

（1）查阅途径或方法　参见 2.1.2.1（1）。

（2）查阅结果

① GB/T 8447—2008　工业直链烷基苯磺酸

② GB/T 5173—1995　表面活性剂和洗涤剂　阴离子活性物的测定　直接两相滴定法

8.1.2.2 标准及标准解读

（1）相关标准

① GB/T 8447—2008 工业直链烷基苯磺酸（linear alkylbenzene sulfonic acid）

本标准规定了工业直链烷基苯磺酸的产品结构式、要求、试验方法、检验规则和标志、包装、运输、贮存要求。本标准适用于由烷链长度主要为 C_{10}～C_{13} 的工业直链烷基苯经 SO_3 气体膜式磺化工艺生产的工业直链烷基苯磺酸。（本章内容主要以洗衣粉和洗洁精的常规原料十二烷基苯磺酸、工业用三聚磷酸钠等为例介绍日化产品质量控制检验方法。）

1）外观

从浅黄到棕黄的黏稠液体。

2）理化指标：工业直链烷基苯磺酸理化指标应符合下表的规定[1]。

项　目	要　求	
	优等品	合格品
烷基苯磺酸含量(质量分数)/% ≥	97	96
游离油含量(质量分数)/% ≤	1.5	2.0
硫酸含量(质量分数)/% ≤	1.5	1.5

3）试验方法

除非另有说明，在分析中仅使用认可的分析纯试剂和蒸馏水或去离子水或相当纯度的水。

烷基苯磺酸含量：称取 1～1.5g 试样（精确至 0.001g）至 100mL 烧杯中。加适量水溶解后，加入数滴酚酞溶液，用氢氧化钠溶液（约 1mol/L）中和到呈淡粉红色，定量转移至 1000mL 容量瓶中，用水稀释到刻度，混匀，按 GB/T 5173 的规定测定。

游离油含量：按 GB/T 8447—2008 5.2 测定[4]。

硫酸含量：称取 3～5g 样品，按 GB/T 6366 测定[5]。

色泽：按附录 A 测定[6]。

② GB/T 5173—1995 表面活性剂[1]和洗涤剂[2]　阴离子活性物的测定　直接两相滴定法

(surface active agents and detergents-determination of anionic-active matter by direct two-phase titration procedure)

本标准规定了测定阴离子表面活性剂[3]和洗涤剂中阴离子活性物[4]的两相滴定法。

本标准适用于分析烷基苯磺酸盐、烷基磺酸盐、烷基硫酸盐、烷基羟基硫酸盐、烷基酚硫酸盐、脂肪醇甲氧基及乙氧基硫酸盐和二烷基琥珀酸酯磺酸盐，以及每个分子含一个亲水基[5]的其他阴离子活性物的固体或液体产品。

本标准不适用于有阳离子表面活性剂[6]存在的产品。

若以质量百分含量表示分析结果时，阴离子活性物的相对分子质量必须已知或预先测定。

阴离子活性物测定

• 原理：在水和三氯甲烷的两相介质中，在酸性混合指示剂存在下，用阳离子表面活性剂［氯化苄苏鎓（Benzethonium chloride）］滴定，测定阴离子活性物。

注：滴定反应过程如下：阴离子活性物和阳离子染料生成盐，此盐溶解于三氯甲烷中，使三氯甲烷层呈粉红色。滴定过程中水溶液中所有阴离子活性物与氯化苄苏鎓反应完，氯化苄苏鎓取代阴离子活性物——阳离子染料盐内的阳离子染料（溴化底米鎓），因溴化底米鎓转入水层，三氯甲烷层红色褪去，稍过量的氯化苄苏鎓与阴离子染料（酸性蓝-1）生成盐，溶解于三氯甲烷层中，使其呈蓝色。

• 试剂

分析中应使用分析纯试剂和蒸馏水或去离子水。

三氯甲烷（GB 682）。

硫酸（GB 625），245g/L 溶液。

硫酸 0.5mol/L 标准溶液。

氢氧化钠（GB 629），$c(NaOH)=0.5mol/L$ 标准溶液。

月桂基硫酸钠，$c[CH_3(CH_2)_{11}OSO_3Na]=0.004mol/L$ 标准溶液。按 GB/T 51734.5 配制。

氯化苄苏鎓，$c(C_{27}H_{42}ClNO_2)=0.004mmol/L$ 标准溶液。按 GB/T 51734.6 配制。

酚酞（GB 10729），10g/L 乙醇溶液。

混合指示剂，按 GB/T 51734.8 配制。

- 仪器

普通实验室仪器和

具塞玻璃量筒，100mL；

滴定管，25mL 和 50mL；

容量瓶，250mL，500mL 和 1000mL；

移液管，25mL

- 试样的制备：按照 GB/T 13173.1 的规定制备和贮存实验室样品。
- 程序

预防措施：由于三氯甲烷的毒性，操作应在通风柜或通风良好的环境下进行。

Ⅰ. 试验份

称取含有 3～5mmol 阴离子活性物的实验室样品，称准至 1mg，至 150mL 烧杯内。

下表是按相对分子质量 360 计算的取样量，可作参考。

样品中活性物含量/%(m/m)	试验份质量	样品中活性物含量/%(m/m)	试验份质量
15	10.0	60	2.4
30	5.0	80	1.8
45	3.2	100	1.4

Ⅱ. 测定

将试验份溶于水，加入数滴酚酞溶液，并按需要用氢氧化钠溶液或硫酸溶液中和到呈淡粉红色。定量转移至 1000mL 容量瓶中，用水稀释到刻度，混匀。

用移液管移取 25mL 试样溶液至具塞量筒中，加 10mL 水、15mL 三氯甲烷和 10mL 酸性混合指示剂溶液，按 GB/T 5173—1995 中 4.6.2.2 所述，用氯化苄苏鎓溶液滴定至终点。

Ⅲ. 结果计算

阴离子活性物含量 X 以质量分数（%）表示，按式（1）计算

$$X=\frac{4\times c_3\times V_3\times M_r}{m_3} \tag{1}$$

式中　X——阴离子活性物含量，%；

c_3——氯化苄苏鎓溶液的浓度，mol/L；

V_3——滴定时所耗用的氯化苄苏鎓溶液的体积，mL；

M_r——阴离子活性物的平均相对分子质量；

m_3——试样质量，g。

（2）标准的相关内容解读

［1］表面活性剂（surface active agent）　一种具有表面活性的化合物，它溶于液体特别是水中，由于在液/气表面或其他界面的优先吸附，使表面张力或界面张力显著降低。

［2］洗涤剂（detergent）　通过洗净过程用于清洗的专门配制的产品。

［3］阴离子表面活性剂（anionic surface active agent）　在水溶液中电离产生带负电荷并呈现表面活性的有机离子的表面活性剂。

［4］活性物（active matter） 在配方中显示规定活性的全部表面活性剂。

［5］亲水基（hydrophilic group） 对水具有亲和性的分子基团。

［6］阳离子表面活性剂（cationic surface active agent） 在水溶液中电离产生带正电荷并呈现表面活性的有机离子的表面活性剂。

8.1.2.3 根据国标制订检验方案

（1）采样与留样 参见3.1.2.3（1），按抽样检验方案随机抽取样本作各项理化指标检测。同时留样封存，按表3-2填写标签存于留样室，做好样品留样的档案记录（见表3-3）。

（2）测定与记录 称取含有3～5mmol阴离子活性物的实验室样品，称准至1mg，至150mL烧杯内。将试验份溶于水，加入数滴酚酞溶液，并按需要用氢氧化钠溶液或硫酸溶液中和到呈淡粉红色。定量转移至1000mL容量瓶中，用水稀释至刻度，混匀。

用移液管移取25mL试样溶液至具塞量筒中，加10mL水、15mL三氯甲烷和10mL酸性混合指示剂溶液，按GB/T 5173—1995中4.6.2.2所述，用氯化苄苏鎓溶液滴定至终点。

填写原料检验原始记录（见表8-2）。其中，检验结论的评定：抽检样品合格数≥AQL，则该批产品判为“接受”，抽检样品合格数＜AQL，则该批产品判为“不接受”。

阴离子活性物含量X以质量分数（%）表示，按下式计算

$$X=\frac{4\times c_3\times V_3\times M_r}{m_3}$$

式中 X——阴离子活性物的含量，%；

c_3——氯化苄苏鎓溶液的浓度，mol/L；

V_3——滴定时所耗用的氯化苄苏鎓溶液的体积，mL；

M_r——阴离子活性物的平均相对分子质量；

m_3——试样质量，g。

表8-2 原料检验原始记录

原料名称				原料编号			
标液名称				标液浓度			
测定日期				室温/℃			
复测日期							
计算公式							
	1	2	3	4	5	6	7	8
样品质量/g								
标液消耗/mL								
滴定管校正数/mL								
温度校正数/mL								
空白值/mL								
测定结果								
测定结果平均值				复测结果平均值				
平均值								

测定人： 复测人：

(3) 原料检验单和检测报告　见表 8-3 和表 8-4。

表 8-3　原料检验单

原料名称			原料编号		
规格			出库处		
生产日期		原料编号		检验者	
检验日期		检验编号		取样者	
取样量		取样地点		取样方法	
No.	检验项目	标准规定	实测数据	单项评价	
1	烷基苯磺酸含量 (质量分数)/% ≥	97(优等品) 96(合格品)			
2					
3					
4			—	—	
5			—	—	
6			—	—	
7			—	—	

表 8-4　检测报告

(原料□　　成品□　　半成品□)

产品名称			样品编号		
样品批号			生产日期		
样品规格					
产品数量		抽检数量			
样品状态		接收日期		检测日期	
检测项目					
评价标准					
检测依据					
抽检合格数					
检测结论					
编制人:		审核人:		批准人: 年　月　日	

8.1.3　问题与思考

① 检验时应称取十二烷基苯磺酸样品多少克?为什么?

② 容量瓶定容操作应注意什么?

③ 氯化苄苏镓溶液的浓度如何确定?

④ 测定中滴定速度如何控制？

⑤ 检验时主要误差有哪些？

⑥ 如果烷基苯磺酸含量不达标，对成品会有什么影响？

8.2 洗洁精的常规原料α-烯基磺酸钠（AOS）质量控制检验（自主项目）

8.2.1 工作任务书

“α-烯基磺酸钠（AOS）活性物含量指标检验”工作任务书见表 8-5。

表 8-5 “α-烯基磺酸钠（AOS）活性物含量指标检验”工作任务书

工作任务	某批次α-烯基磺酸钠(AOS)的检验		
任务情景	企业乙从企业甲购入 5t α-烯基磺酸钠(AOS)原料，需进行原料质量控制检验		
任务描述	编制该批次α-烯基磺酸钠(AOS)的检验方案，并根据实际检验结果或设定的抽检结果作出该批次产品的质量判断(活性物含量指标部分)		
目标要求	(1)能按要求独立完成α-烯基磺酸钠(AOS) 活性物含量指标检验的方案制定，并形成规范电子文稿 (2)能按方案正确完成α-烯基磺酸钠(AOS) 活性物含量指标检验操作和正确判断 (3)能根据检验结果对整批原料质量作出初步评价判断		
任务依据	GB/T 20200—2006、GB/T 5173—1995 的应用		
学生角色	企业乙的质检部员工	项目层次	自主项目
成果形式	1. α-烯基磺酸钠(AOS) 活性物含量指标的检验方案 2. 项目实施报告(包括活性物含量指标检验意义、步骤、方法；实施过程的原始材料：领料单、采样及样品交接单、产品留样单、原始记录单、活性物含量指标检验报告单；问题与思考) 3. 问题与思考		
备注	成果材料要求制作成规范的电子文档打印上交或上传课程网站，原始记录要求表格事先设计，数据现场记录(上传课程网站的原始记录表以原始件影印形式编入电子文档)		

8.2.2 项目实施基本要求

① 查阅相关国家标准，展示查阅结果；

② 解读国家标准、检验意义、步骤、方法及相关原理；

③ 根据国标制定检验方案，设计相关表格，列出工具与材料；

④ 根据检验方案实施检验，提交检验结果；

⑤ 成果材料整理与提交。

8.2.3 问题与思考

① 原料质量检验可参照的基本依据有哪些？

② GB 及 QB/T 分别代表什么？

③ α-烯基磺酸钠理化指标应符合哪些要求？

④ 比较烷基苯磺酸和α-烯基磺酸钠指标检验的异同。

⑤ 原料样品留样的意义？

8.3 举一反三（拓展项目）

请学员自选一种洗涤剂并完成对主要原料的理化指标检验，并对其品质做出判断。

要求：

① 自拟任务书和检验方案；

② 自主完成检验，提交完整原始材料；

③ 完成检验报告，做出产品品质判断。

8.4 洗衣粉的常规原料工业用三聚磷酸钠质量控制检验（入门项目）

8.4.1 工作任务书

“三聚磷酸钠质量控制检验”工作任务书见表8-6。

表8-6 “三聚磷酸钠质量控制检验”工作任务书

工作任务	某批次三聚磷酸钠的检验		
任务情景	企业乙从企业甲购入3t三聚磷酸钠原料，需进行原料质量控制检验		
任务描述	完成该批次三聚磷酸钠的检验，并根据实际检验结果作出该批次产品的质量判断（总五氧化二磷含量指标部分）		
目标要求	(1)能按要求完成三聚磷酸钠中总五氧化二磷含量指标检验的全过程 (2)能根据检验结果对整批产品质量作出初步评价判断		
任务依据	GB/T 9984—2008的应用		
学生角色	企业乙的质检部员工	项目层次	入门项目
成果形式	项目实施报告(包括三聚磷酸钠中总五氧化二磷含量指标检验意义、步骤和方法；实施过程的原始材料：领料单、采样及样品交接单、样品留样单、原始记录单、三聚磷酸钠中总五氧化二磷含量指标检验报告单；问题与思考)		
备注	成果材料要求制作成规范的电子文档打印上交或上传课程网站，原始记录要求表格事先设计，数据现场记录(上传课程网站的原始记录表以原始件影印形式编入电子文档)		

8.4.2 工作任务实施导航

8.4.2.1 查阅相关国家标准

（1）查阅途径或方法　参见2.1.2.1（1）。

（2）查阅结果　GB/T 9984—2008工业三聚磷酸钠试验方法。

8.4.2.2 标准及标准解读

（1）相关标准

GB/T 9984—2008 工业三聚磷酸钠试验方法

(Test methods for industrial sodium tripolyphosphate)

本标准规定了工业（包括食品工业用）总五氧化二磷、三聚磷酸钠的白度[1]、不同形式的磷酸盐、水不溶物、灼烧损失、铁含量、pH、颗粒度、表观密度[2]、氮的氧化物、Ⅰ型[3]含量等11项指标的测试方法。本标准适用于工业（包括食品工业用）三聚磷酸钠、焦磷酸钠产品的指标测定（本章内容主要以洗衣粉和洗洁精的常规原料十二烷基苯磺酸、工业用三聚磷酸钠等为例介绍日化产品质量控制检验方法）。

1）理化指标：工业三聚磷酸钠中五氧化二磷含量指标应符合的要求见下表。

工业三聚磷酸钠的理化指标

项　目	要　求		
	优级	一级	二级
五氧化二磷含量(质量分数)/% ≥	57.0	56.5	55.0

2）试验方法

除非另有说明，在分析中仅使用认可的分析纯试剂和蒸馏水或去离子水或相当纯度的水。

白度：按 GB/T 9984—2008 测定。

五氧化二磷含量：采用磷钼酸喹啉重量法

• 原理

在硝酸存在下，将试验份煮沸水解。在丙酮存在下，使磷酸盐成为磷钼酸喹啉沉淀，将沉淀过滤、洗涤、干燥并称量[4]。

• 试剂

柠檬酸钼酸钠试剂（喹钼柠酮沉淀剂）[4]

硝酸（GB/T 626）约 68％溶液

• 仪器

普通实验室仪器和

吸滤瓶，250mL、500mL 或 1000mL。

沸水浴。

烘箱，能控温于（180±2)℃。

烧杯，150mL、300mL。

干燥器，内盛变色硅胶或其他干燥剂。

量筒，25mL、100mL。

玻璃过滤坩埚，孔径 4～10μm，约 30mL。

• 试样的制备：按照 GB/T 13173.1 的规定制备和贮存实验室样品。

• 试验程序

预防措施：样品需小心避免任何水分得失。

Ⅰ. 试验份

称取 1g 试验样品（准确至 0.0002g)。

Ⅱ. 空白试验

在测定的同时，按照测定的同样程序和使用相同量的全部试剂作一空白试验。

Ⅲ. 测定

试液的配制：

将试验份用水溶解，转入 1000mL 容量瓶中，稀释至刻度，充分摇匀。此溶液临用时制备，必要时过滤。

试验份的水解、沉淀、过滤：

移取 25.0mL 试液于一个 400mL 烧杯中，用水稀释至 100mL，加入 8mL 硝酸，盖上表玻璃，置电热板上煮沸 40min，趁热加入 50mL 柠檬酸钼酸钠试剂，调节温度使维持 75℃±5℃约 30s。加入沉淀试剂，不要搅拌，以免形成凝块。冷却至室温。

用预先在 180℃干燥恒重过的玻璃过滤坩埚，以真空抽滤。用倾泻法过滤、洗涤六次，每次用水约 30mL。然后用洗瓶将沉淀冲洗至过滤坩埚，再洗涤四次，每次需待水抽滤干后，再加下一份洗涤用水。

干燥和称量：

将带有沉淀的玻璃过滤坩埚置于 180℃±1℃的烘箱中，从温度稳定开始计保持 45min，然后移入盛有良好硅胶干燥器中冷却 30min，称量，准确至 0.0001g。

Ⅳ. 结果计算

以质量分数表示的五氧化二磷含量按下式计算：

$$X=\frac{(m_1-m_2)\times 0.03207\times 100}{m_0\times 25/1000}$$

式中 m_1——测定中获得的沉淀质量，g；

m_2——空白试验得到的沉淀质量，g；

m_0——试验份的质量，g；

0.03207——磷钼酸喹啉换算为五氧化二磷的系数；

25/1000——测定所取试验份体积与样品溶液体积之比。

取两次测定的平均值作为结果，两次测定之差小于0.2%。

（2）标准的相关内容解读

［1］白度（whiteness） 在可见光区域内，物体表面相对完全白物体（标准白）漫反射辐射能大小的比值，用百分数表示。

［2］表观密度（apparent density） 单位表观体积的质量。

［3］Ⅰ型（Ⅰ type）工业三聚磷酸钠 由于晶体内部原子排列结构不同而形成的一种晶体形态。

［4］柠檬酸钼酸钠试剂 即喹钼柠酮沉淀剂。其配制方法如下。

溶液A——称取70g钼酸钠（$Na_2MoO_4 \cdot 2H_2O$）于400mL烧杯中，用150mL水溶解；

溶液B——称取60g柠檬酸（$C_6H_8O_7 \cdot H_2O$）于1000mL烧杯中，用150mL水溶解，加入85mL硝酸（ρ 1.42g/mL）；

溶液C——在不断搅拌下，缓慢地将溶液A加到溶液B中，混匀；

溶液D——将35mL硝酸和100mL水在400mL烧杯中混匀，加5mL喹啉溶解；

溶液E——缓慢将溶液D加到溶液C中，混匀。静置过夜，用玻璃坩埚或滤纸过滤，于滤液中加入280mL丙酮，用水稀释至1000mL。贮存于聚乙烯瓶中，将该沉淀剂置于暗处，避光避热。

8.4.2.3 根据国标制订检验方案

（1）采样与留样 参见3.1.2.3（1）。

（2）测定与记录 称取1g试验样品（准确至0.0002g）。

① 空白试验 在测定的同时，按照测定的同样程序和使用相同量的全部试剂作一空白试验。

② 测定

a. 试液的配制 将试验份用水溶解，转入1000mL容量瓶中，稀释至刻度，充分摇匀。此溶液临用时制备，必要时过滤。

b. 试验份的水解、沉淀、过滤 移取25.0mL试液于一个400mL烧杯中，用水稀释至100mL，加入8mL硝酸，盖上表玻璃，置电热板上煮沸40min，趁热加入50mL柠檬酸钼酸钠试剂，调节温度使维持75℃±5℃约30s。加入沉淀试剂，不要搅拌，以免形成凝块。冷却至室温。

用预先在180℃干燥恒重过的玻璃过滤坩埚，以真空抽滤。用倾泻法过滤、洗涤六次，每次用水约30mL。然后用洗瓶将沉淀冲洗至过滤坩埚，再洗涤四次，每次需待水抽滤干后，再加下一份洗涤用水。

c. 干燥和称量 将带有沉淀的过滤坩埚置于180℃±1℃的烘箱中，从温度稳定开始计时，保持45min，然后移入盛有硅胶干燥器中冷却30min，称量，准确至0.0001g。

③ 填写原料检验原始记录（见表8-7），填写原料检验单（见表8-8）和检测报告（见表8-4）。

表 8-7 原料检验原始记录

<table>
<tr><td>原料名称</td><td colspan="3"></td><td colspan="3">原料编号</td><td colspan="3"></td></tr>
<tr><td>标液名称</td><td colspan="3"></td><td colspan="3">标液浓度</td><td colspan="3"></td></tr>
<tr><td>测定日期</td><td colspan="3"></td><td colspan="3">室温/℃</td><td colspan="3"></td></tr>
<tr><td>复测日期</td><td colspan="3"></td><td colspan="3"></td><td colspan="3"></td></tr>
<tr><td>计算公式</td><td colspan="8"></td></tr>
<tr><td></td><td>1</td><td>2</td><td>3</td><td>4</td><td>5</td><td>6</td><td>7</td><td>8</td></tr>
<tr><td>样品质量/g</td><td></td><td></td><td></td><td></td><td></td><td></td><td></td><td></td></tr>
<tr><td>沉淀质量/g</td><td></td><td></td><td></td><td></td><td></td><td></td><td></td><td></td></tr>
<tr><td>测定结果</td><td></td><td></td><td></td><td></td><td></td><td></td><td></td><td></td></tr>
<tr><td>测定结果平均值</td><td colspan="4"></td><td colspan="2">复测结果平均值</td><td colspan="2"></td></tr>
<tr><td>平均值</td><td colspan="8"></td></tr>
<tr><td></td><td colspan="8"></td></tr>
</table>

测定人： 复测人：

表 8-8 原料检验单

<table>
<tr><td>原料名称</td><td colspan="2"></td><td>原料编号</td><td colspan="2"></td></tr>
<tr><td>规格</td><td colspan="2"></td><td>出库处</td><td colspan="2"></td></tr>
<tr><td>生产日期</td><td></td><td>原料编号</td><td></td><td>检验者</td><td></td></tr>
<tr><td>检验日期</td><td></td><td>检验编号</td><td></td><td>取样者</td><td></td></tr>
<tr><td>取样量</td><td></td><td>取样地点</td><td></td><td>取样方法</td><td></td></tr>
<tr><td>No.</td><td>检验项目</td><td>标准规定</td><td>实测数据</td><td colspan="2">单项评价</td></tr>
<tr><td>1</td><td>五氧化二磷含量
（质量分数）/% ≥</td><td>57.0（优级）
56.5（一级）
54.0（二级）</td><td></td><td colspan="2"></td></tr>
<tr><td>2</td><td></td><td></td><td></td><td colspan="2"></td></tr>
<tr><td>3</td><td></td><td></td><td></td><td colspan="2"></td></tr>
<tr><td>4</td><td></td><td></td><td>—</td><td colspan="2">—</td></tr>
<tr><td>5</td><td></td><td></td><td>—</td><td colspan="2">—</td></tr>
<tr><td>6</td><td></td><td></td><td>—</td><td colspan="2">—</td></tr>
<tr><td>7</td><td></td><td></td><td>—</td><td colspan="2">—</td></tr>
</table>

其中，检验结论的评定：抽检样品合格数≥AQL，则该批产品判为“接受”，抽检样品合格数<AQL，则该批产品判为“不接受”。

以质量分数表示的五氧化二磷含量按下式计算：

$$X=\frac{(m_1-m_2)\times 0.03207\times 100}{m_0\times 25/1000}$$

式中 m_1——测定中获得的沉淀质量，g；

m_2——空白试验得到的沉淀质量，g；

m_0——试验份的质量，g；

0.03207——磷钼酸喹啉换算为五氧化二磷的系数；

25/1000——测定所取试验份体积与样品溶液体积之比。

取两次测定的平均值作为结果，两次测定之差小于0.2%。

8.4.3 问题与思考

① 检验时应称取三聚磷酸钠样品多少克？为什么？

② 试验份的水解、沉淀、过滤操作应注意什么？

③ 如何判断沉淀已经干燥？

④ 干燥和称量操作应注意什么？

⑤ 检验时主要误差有哪些？

⑥ 如果五氧化二磷含量含量不达标，对成品会有什么影响？

8.5 洗涤剂的常规原料4A沸石质量控制检验（自主项目）

8.5.1 工作任务书

"4A沸石钙交换能力指标检验"工作任务书见表8-9。

表8-9 "4A沸石钙交换能力指标检验"工作任务书

工作任务	某批次4A沸石的检验		
任务情景	企业乙从企业甲购入3t 4A沸石原料，需进行原料质量控制检验		
任务描述	编制该批次4A沸石的检验方案，并根据实际检验结果或设定的抽检结果作出该批次产品的质量判断(钙交换能力指标部分)		
目标要求	(1)能按要求独立完成4A沸石钙交换能力指标检验的方案的制定，并形成规范电子文稿 (2)能按方案正确完成4A沸石钙交换能力指标检验操作和正确判断 (3)能根据检验结果对整批原料质量作出初步评价判断		
任务依据	QB/T 1768—2003的应用		
学生角色	企业乙的质检部员工	项目层次	自主项目
成果形式	1. 4A沸石钙交换能力指标的检验方案 2. 项目实施报告(包括4A沸石钙交换能力指标检验意义、步骤和方法；实施过程的原始材料：领料单、采样及样品交接单、产品留样单、原始记录单、4A沸石钙交换能力指标检验报告单；问题与思考) 3. 问题与思考		
备注	成果材料要求制作成规范的电子文档打印上交或上传课程网站，原始记录要求表格事先设计，数据现场记录(上传课程网站的原始记录表以原始件影印形式编入电子文档)		

8.5.2 项目实施基本要求

① 查阅相关国家标准，展示查阅结果；

② 解读国家标准、检验意义、步骤、方法和相关原理；

③ 根据国标制定检验方案，设计相关表格，列出工具与材料；

④ 根据检验方案实施检验，提交检验结果；

⑤ 成果材料整理与提交。

8.5.3 问题与思考

① 检验时应称取4A沸石样品多少克？为什么？

② 检验时主要误差有哪些？

③ 4A沸石理化指标应符合哪些要求？

④ 比较三聚磷酸钠和4A沸石指标检验的异同。

⑤ 4A 沸石钙交换能力测定（快速法）的终点如何判断？

⑥ 如果 4A 沸石钙交换能力不达标，对成品会有什么影响？

8.6 举一反三（拓展项目）

——请学员自选一种洗涤剂并完成对主要原料的理化指标检验与品质判断。

要求：

① 自拟任务书和检验方案；

② 自主完成检验，提交完整原始材料；

③ 完成检验报告，作出产品品质评判。

8.7 教学资源

8.7.1 相关知识技能要点

8.7.1.1 合成洗衣粉原料

洗衣粉是粉状（或颗粒状）洗涤剂，是生活中合成洗涤剂最常见的一种。这种洗涤剂是用表面活性剂与助剂配成黏稠的料浆，然后用喷雾干燥方法和附聚成型方法制造的一种混合物。洗衣粉是由多种化学成分组成的，起主要作用的是表面活性剂，如烷基苯磺酸钠、烷基磺酸钠、脂肪醇硫酸钠、脂肪醇聚氧乙烯醚、环氧乙烷和环氧丙烷的共聚物等。各种化学物质相互促进，相互弥补，使洗涤去污效果更为理想。这些表面活性剂也可直接用来作为洗涤剂使用，但是洗涤去污效果并不十分理想，而且成本较高。因此，配制洗衣粉时还要加入一些助洗剂和辅助剂，使洗衣粉性能更完善，贮存、使用都比较方便。洗衣粉通用的助剂可分为无机盐和有机物两大类。

（1）无机盐助剂

① 磷酸盐　有正磷酸钠、磷酸氢二钠、磷酸二氢钠及三聚酸钠，洗衣粉中应用较普遍的是三聚磷酸钠。三聚磷酸钠中多价的金属离子具有较强的螯合能力，能将不溶解的多价金属阳离子络合，变成可溶性的复合离子，如可将水中的钙、镁离子螯合，使它们不致沉积到织物上去，大大提高了洗涤剂活性物的洗涤效能。三聚磷酸钠还对微细的无机粒子或脂肪微滴具有分散、乳化、胶溶作用，可以提高污垢的悬浮能力，防止污垢再沉积到织物上，从而提高了洗涤剂的洗净作用。由于三聚磷酸钠含 6 个结晶水，不易吸收水分，可使洗衣粉保持良好的流动性与颗粒度，使成品干爽，便于包装，不致产生粉尘、吸潮、黏结等不良现象。

② 硅酸钠　与其他助剂使用时能起到互相协调的作用，具有良好的助洗效果。它能在金属的表面上生成一层很薄的保护层，抑制洗衣粉中磷酸盐对洗衣机金属表面的腐蚀。硅酸钠的水溶液在洗涤过程中对溶液中的污垢和固体微粒具有悬浮、分散和乳化的能力，能防止污垢再沉积到织物上。硅酸钠水溶液经水解，能产生氢氧基，使溶液保持一定的 pH 值，这种缓冲作用可节约洗涤剂中表面活性剂的用量。

③ 纯碱　能将脂肪污垢皂化而将污垢除去，但在洗衣粉中不宜加入过量，以免洗涤时损伤织物。

④ 硫酸钠　在洗衣粉中是重要的填充剂，可以降低产品价格，也可降低洗涤剂活性物的临界胶束浓度，能在洗衣粉中表面活性剂浓度较低时发挥洗涤作用。

⑤ 过氧酸盐　主要是利用它放出来的活性氧使污斑氧化，作为去污斑剂，可除去铁锈等斑迹。洗衣粉中常用的是过硼酸钠，它含10.38%的活性氧。

（2）有机物助剂

① 羧甲基纤维素　它是用棉短绒先与碱液反应，生成碱性纤维素，然后与一氯醋酸钠的乙醚溶液经醚化反应，生成羧甲基纤维素钠盐。羧甲基纤维素钠盐在洗涤剂中的作用是能吸附在污垢质点周围及织物的表面上，由于它带有多量负电荷，在静电排斥力作用下，使污垢质点很好地悬浮，分散在溶液中，不会再沉积到织物上。

② 荧光增白剂　它是一种微黄色带有荧光性的染料，它溶解在水中而吸附在衣服的纤维上，而不会立即被水冲掉。这种染料吸附后能增加被洗织物的光泽，保持印花衣服的白度、亮度及鲜艳的色彩度。此外，在洗衣粉中还常含有料浆调节剂，即甲苯磺酸钠以及香料、色素等。

加酶洗衣粉是在洗衣粉中加入了一定数量的酶制剂。酶制剂是一种生物制剂，加入洗衣粉中可对相应的污垢进行生化反应，如脂肪酶可使油脂类污垢分解；淀粉酶可分解淀粉类污垢。使用酶制剂进行洗涤可以缩短洗涤时间，延长织物寿命，有效地提高去污力。在加酶洗衣粉中一般加入的是碱性蛋白酶，这对洗涤人体所分泌的污垢有特殊的效能。

漂白型洗衣粉是在洗衣粉中加入了一定数量的漂白剂，例如过硼酸钠、过碳酸钠等过氧化物。国内漂白型洗衣粉主要加过碳酸钠。此洗衣粉在60℃以上的热水洗涤时可放出活性氧，对织物及衣服上的污迹会产生漂白作用，使白色衣服洗得更加洁白。但最好不要在高温下洗涤带色的衣服，这样会对带色部位产生漂白作用而使衣服变旧。如在冷水中洗涤时漂白剂不发挥作用。

含氧彩漂洗衣粉有两种类型：一种色彩漂粉是单纯的含氧漂白剂，其去污力不大，可作漂白洗后织物用；另一种是色彩漂粉和洗衣粉混合后制成的。这种彩漂洗衣粉，不仅可氧化衣服上的污垢，而且不损坏原来的颜色，使本来的色彩更加鲜艳，还能除茶锈、汗迹、血、咖啡渍等难洗的污垢。

8.7.1.2　玻璃坩埚式过滤器的使用

即砂芯漏斗，中间是石英砂，外面是玻璃。对于新购置的滤器，在使用前应先以热盐酸或铬硫酸进行一次抽滤，并随即用蒸馏水冲洗干净，以除去滤器中可能存在的灰尘杂质。每次用毕或使用一定时间后，都需进行有效的洗涤处理，以免因生成物堵塞滤孔而影响过滤功效。对6号除菌滤器每次使用后应立即用有效洗涤液进行一次抽滤。当抽至溶液尚未滤尽前，取下该滤器，浸入洗涤液中约48h（滤片的两面均应接触溶液）。取出后用热蒸馏水冲洗，然后烘干。

8.7.2　相关企业资源（引自企业的相关规范、资料、表格）

相关企业资源示例见表8-10～表8-15。

表8-10　×××有限公司原料检验原始记录（1）

原料名称		原料编号	
标液名称		标液浓度	
测定日期		室温/℃	
复测日期			
计算公式			

续表

	1	2	3	4	5	6	7	8
样品质量/g								
标液消耗/mL								
滴定管校正数/mL								
温度校正数/mL								
空白值/mL								
测定结果								
测定结果平均值					复测结果平均值			
平均值								

测定人： 复测人：

表 8-11 ×××有限公司原料检验单（1）

原料名称			原料编号		
规格			出库处		
生产日期		原料编号		检验者	
检验日期		检验编号		取样者	
取样量		取样地点		取样方法	

No.	检验项目	标准规定	实测数据	单项评价
1	烷基苯磺酸含量 （质量分数）/% ≥	97(优等品) 96(合格品)		
2				
3				
4				
5				
6				
7				
8				
9				
10				
11				

表 8-12 ×××有限公司检测报告（1）

（原料□ 成品□ 半成品□）

产品名称			样品编号		
样品批号			生产日期		
样品规格					
产品数量		抽检数量			
样品状态		接收日期		检测日期	
检测项目					
评价标准					
检测依据					
抽检合格数					

续表

检测结论			
编制人：	审核人：	批准人：	
			年　月　日

表 8-13　×××有限公司原料检验原始记录（2）

原料名称				原料编号			
标液名称				标液浓度			
测定日期				室温/℃			
复测日期							
计算公式							
	1	2	3	4	5	6	7	8
样品质量/g								
沉淀质量/g								
测定结果								
测定结果平均值					复测结果平均值			
平均值								

测定人：　　　　　　　　　　　　　　　　　　　　复测人：

表 8-14　×××有限公司原料检验单（2）

原料名称			原料编号		
规格			出库处		
生产日期		原料编号		检验者	
检验日期		检验编号		取样者	
取样量		取样地点		取样方法	
No.	检验项目	标准规定	实测数据	单项评价	
1	五氧化二磷含量（质量分数）/%　≥	57.0（优级） 56.5（一级） 54.0（二级）			
2					
3					
4			—	—	
5			—	—	
6			—	—	
7			—	—	
8			—	—	

表 8-15 ×××有限公司检测报告（2）

（原料□ 成品□ 半成品□）

产品名称		样品编号			
样品批号		生产日期			
样品规格					
产品数量		抽检数量			
样品状态		接收日期		检测日期	
检测项目					

8.8 本章中英文对照表

序号	中 文	英 文
1	洗衣粉	laundry powders
2	洗洁精	detergent
3	直链烷基苯磺酸	linear alkylbenzene sulfonic acid
4	表面活性剂	surface active agent
5	洗涤剂	detergent
6	阴离子表面活性剂	anionic surface active agent
7	活性物	active matter
8	亲水基	hydrophilic group
9	阳离子表面活性剂	cationic surface active agent
10	直接两相滴定法	direct two-phase titration procedure
11	氯化苄苏鎓	benzethonium chloride
12	三聚磷酸钠	industrial sodium tripolyphosphate
13	白度	whiteness
14	表观密度	apparent density
15	Ⅰ型	Ⅰ type

9 合成洗涤剂的检验

本章以“洗衣粉（laundry powders）和餐具洗涤剂的检验”的工作任务为载体，展现了合成洗涤剂（synthetic detergent）检验方案制定、检验方法和步骤、产品相关质量判定等的工作思路与方法，渗透了合成洗涤剂检验中涉及的合成洗涤剂定义、分类、指标体系、理化检验依据和规则、分样规则、检验报告形式及填写等系统的应用性知识。

9.1 洗衣粉成品理化指标检验（入门项目）

9.1.1 工作任务书

“洗衣粉物理化学指标检测”工作任务书见表 9-1。

表 9-1 “洗衣粉物理化学指标检测”工作任务书

工作任务	某批次洗衣粉的出厂检验		
任务情景	企业乙为企业甲加工生产若干批批量为 20000 件的洗衣粉，企业乙完成了某批次的加工任务，在准备向企业甲交货前进行出厂前检验		
任务描述	完成该批次洗衣粉外观（appearance）、表观密度、总五氧化二磷（the content of total phosphoric anhydride）、总活性物含量（the content of total active matter）、4A 沸石（4A zeolite）、游离碱（free alkali）和 pH 值等理化指标（physical and chemical index）的检验，并根据实际检验结果作出该批次产品的质量判断		
目标要求	(1)能按国标方法完成全过程检验 (2)能根据检验结果对整批产品质量作出初步评价判断		
任务依据	GB/T 13171—2004、GB/T 13173—2008、GB/T 6863—2008		
学生角色	企业乙的质检部员工	项目层次	入门项目
成果形式	项目实施报告（包括洗衣粉理化指标检验意义、步骤、方法；实施过程的原始材料：领料单、采样及样品交接单、产品留样单、原始记录单、洗衣粉理化指标检验报告单；问题与思考）		
备注	成果材料要求制作成规范的文档装订上交或以电子文档形式上传课程网站		

9.1.2 工作任务实施导航

9.1.2.1 查阅相关国家标准

（1）查阅途径或方法　参见 2.1.2.1（1）。

（2）查阅结果

① GB/T 13171—2004 洗衣粉

② GB/T 13173—2008 表面活性剂　洗涤剂试验方法

③ GB/T 6863—2008 表面活性剂　水溶液 pH 值的测定　电位法

9.1.2.2 标准及标准解读

（1）相关标准

① GB/T 13171—2004 洗衣粉

本标准规定了洗衣粉的产品分类、技术要求、试验方法、检验规则、标志和包装、运输、贮存要求。

本标准适用于由表面活性剂、酶制剂及聚磷酸盐、4A 沸石等助洗剂、分散剂和添加剂等配方生产的洗衣粉。(本章内容主要以洗衣粉为例介绍合成洗涤剂的理化指标检验方法，因此下面节选与理化指标相关的内容。)

1）产品分类、代号、标记

本标准所规定的洗衣粉属于弱碱性产品，适合于洗涤棉、麻和化纤织物，不适合于洗涤丝、毛类织物。按品种、性能和规格分为含磷（HL 类）和无磷（WL 类）两类，每类又分为普通型（A 型）和浓缩型（B 型），命名代号如下：

a）HL 类：含磷酸盐洗衣粉，分为 HL-A 型和 HL-B 型，分别标记为“洗衣粉 HL-A”和“洗衣粉 HL-B”。

b）WL 类：无磷酸盐洗衣粉，总磷酸盐（以 P_2O_5 计）≤1.1%，分为 WL-A 型和 WL-B 型，分别标记为“洗衣粉 WL-A”和“洗衣粉 WL-B”。

2）理化性能：各类型洗衣粉的理化性能应符合下表的规定[1]。

各类型洗衣粉的理化指标

项目		含磷洗衣粉(HL)		无磷洗衣粉(WL)	
		HL-A 型	HL-B 型	WL-A 型	WL-B 型
外观		不结团[a]的粉状或粒状			
表观密度/(g/cm^3)	≥	0.3	0.6	0.3	0.6
总活性物含量/%	≥	10		13	
总五氧化二磷(P_2O_5)含量/%		≥8.0		≤1.1	
游离碱(以 NaOH 计)含量/%	≤	8.0	10.5		
pH 值(0.1%溶液,25℃)	≤	10.5	11.0		

[a]如有结团，但用手轻压结团即松散，视为合格。

3）各指标检验方法

外观：目测。

表观密度：按 GB/T 13173—2008[2] 测定[3]。

总活性物含量：按 GB/T 13173—2008 测定[4]。

总五氧化二磷含量：按 GB/T 13173—2008 测定[5]。

游离碱含量：按附录 B 测定[6]。

pH 值：按 GB/T 6863—2008[7] 的规定，将试样的 1g/L 溶液在电磁搅拌器缓和搅拌下，保持 25℃，测定其 pH 值[8]。

② GB/T 13173—2008 表面活性剂 洗涤剂试验方法

(surface active agents-detergent-testing methods)

本标准规定了表面活性剂[9]和洗涤剂[10]分样（reduced sample）[11]、颗粒度[12]、总五氧化二磷、总活性物（active matter）、非离子表面活性剂（non-ionic surface active agent）[13]、各种不同形式的磷酸盐、甲苯磺酸盐、发泡力（foaming power）[14]、螯合剂（chelating agent）[15]（EDTA）、表观密度（apparent density）、白度（whiteness）[16]、水分及挥发物、4A 沸石含量、活性氧、碱性蛋白酶活力、有效氯等 16 项指标的测试方法。根据本章任务要求（表 9-1），节选分样、总五氧化二磷、总活性物含量测定、4A 沸石含量三个部分进行介绍。

1）分样

• 分样的原因

Ⅰ. 由 500g 以上的混合大批样品（blended bulk sample）[17] 制备 250g 以上的最终样品（final sample）[18] 或实验室样品（laboratory sample）[19]；

Ⅱ. 由最终样品制备若干份相同的实验室样品或参考样品（reference sample）[20]或保存样品（storage sample）[21]，每份样品质量都在 250g 以上；

Ⅲ. 由实验室样品制备试验样品。

• 原理：用机械方法将大批样品分样，直到获得小份样品。

• 程序

Ⅰ. 装置：可以用任何符合要求的装置。GB/T 13173—2008 规定使用锥形分样器。

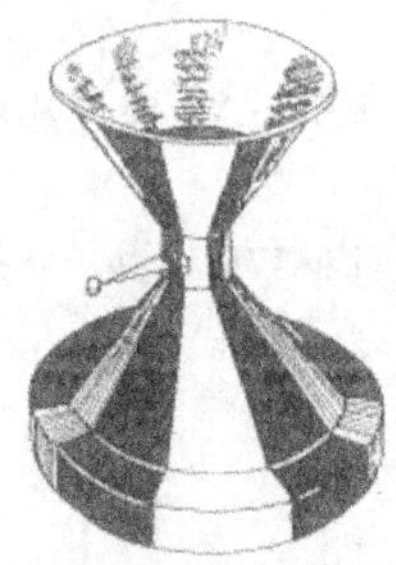

A 加料斗

B 锥体

锥形分样器（见左图）具有的构造应该使每次分样操作所得的两份样品在数量上差不多，在性质上可代表原样。能满足这些条件的锥形分样器（见左图），主要包括加料斗（A）、锥体（B）和转换料斗（C）。锥体（B）的顶部正好位于加料斗（A）下开口的中心，转换料斗（C）位于锥体（B）的底部。各个受器排列在转换料斗（C）的周围并交替地连接到转换料斗底部的两个出口。被分样样品经加料斗（A）流过锥体（B）表面，转至转换料斗（C），被分至各个受器，再交替地经两个出口流出，以给出两组类似的分样样品。

Ⅱ. 分样的制备

ⅰ）最终样品的制备

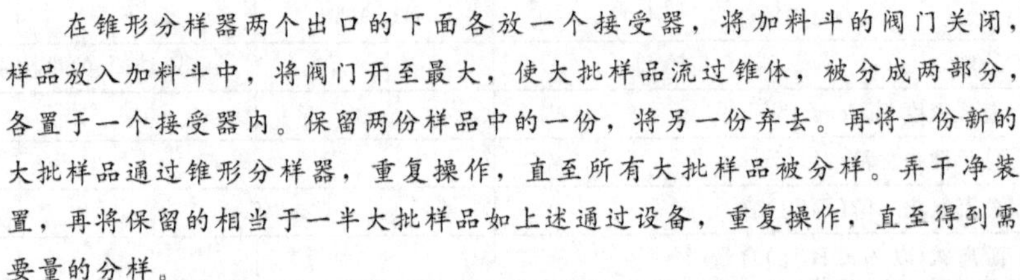

在锥形分样器两个出口的下面各放一个接受器，将加料斗的阀门关闭，样品放入加料斗中，将阀门开至最大，使大批样品流过锥体，被分成两部分，各置于一个接受器内。保留两份样品中的一份，将另一份弃去。再将一份新的大批样品通过锥形分样器，重复操作，直至所有大批样品被分样。弄干净装置，再将保留的相当于一半大批样品如上述通过设备，重复操作，直至得到需要量的分样。

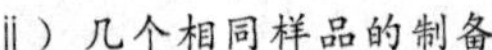

ⅱ）几个相同样品的制备

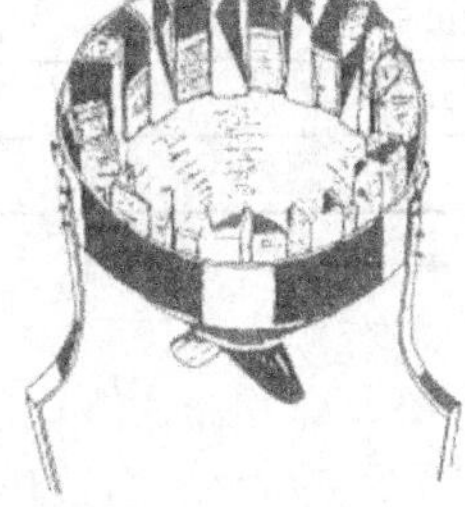

C 转换料斗

锥形分样器剖视图

若所需样品数超过一个，应制备足够分样以得到 $2n$ 个相同样品，此处 $2n$ 等于或超过所需样品数。采用本分样器将分样分成 $2n$ 个相等份，立即把每份全部放入密封瓶或烧瓶内。

ⅲ）试验样品（test sample）[22]的制备

如从实验室样品取试验样品，需将实验室样品按ⅰ）和ⅱ）的规定处理。试验样品量最少不应少于 10g，否则试验样品可能不能真正代表大批样品，从而不适合用作分析。

注：①粉体中含有干燥后加入的添加剂时，所得到的物理混合物有分离倾向。

②对洗衣粉，建议在通风橱内取样，需要时应戴上面罩。

2）总五氧化二磷含量（磷钼蓝比色法）

• 原理

试样溶液滤去沸石等水不溶物后，取一定体积试液加入钼酸铵-硫酸溶液和抗坏血酸溶液，在沸水浴中加热 45min，聚磷酸盐水解成正磷酸盐并生成磷钼蓝，用分光光度计在波长 650nm[23]下测定吸光度 A，由标准曲线上求出相应吸光度的五氧化二磷（P_2O_5）量，计算相对样品的含量。

• 试剂[24]

硫酸（GB/T 625[25]），$c(H_2SO_4)=5mol/L$ 溶液[26]。

钼酸铵-硫酸溶液：将 7.2g 四水合钼酸铵 [$(NH_4)_6Mo_7O_{24} \cdot 4H_2O$]（GB/T 657）溶解于水中，加入 400mL 5mol/L 硫酸溶液，用水稀释至 1000mL。此溶液中硫酸浓度为：$c(H_2SO_4)=2mol/L$，含三氧化钼（MoO_3）约 6g/L。

抗坏血酸，25g/L 溶液：将 2.5g 抗坏血酸溶解于 100mL 水中，该溶液过 2～3d 需重新配制[27]。

五氧化二磷标准溶液（1.00mg/mL）：将磷酸二氢钾（KH_2PO_4）（GB/T 1274）在 110℃烘箱内干燥

2h，在干燥器中冷却后称取 1.917g（称准至 0.0005g），加水溶解，移入 1000mL 容量瓶中，用水稀释至刻度，混匀。

五氧化二磷标准使用溶液（10μg/mL）：准确移取 10.0mL 五氧化二磷标准溶液（1.00mg/mL）于 1000mL 容量瓶中，用水稀释至刻度，混匀。

• 仪器

分光光度计[28]，波长范围 350～800nm，附有 20mm 比色皿。及其他常用玻璃仪器。

• 程序

Ⅰ. 标准曲线的制作

分别移取 10μg/mL 五氧化二磷标准使用溶液 0mL、2.0mL、4.0mL、6.0mL、8.0mL、10.0mL、15.0mL、20.0mL 至 50mL 比色管中，加水至 25mL，依次加入 10mL 钼酸铵-硫酸溶液和 2mL 抗坏血酸溶液，置于沸水浴中加热 45min，冷却，再分别转移至 100mL 容量瓶中，用水稀释至刻度，混匀。用分光光度计以 20mm 比色皿，蒸馏水作参比，于 650nm 波长处测定此系列溶液的吸光度。以净吸光度为纵坐标，五氧化二磷的量（μg）为横坐标，绘制标准曲线[29]。

注：净吸光度是指各含五氧化二磷标准使用溶液试验液的吸光度分别扣减 0mL 五氧化二磷标准使用溶液试验液的吸光度。

Ⅱ. 测定

称取 1g 试样（称准至 0.001g）于 150mL 烧杯中，加水溶解并转移至 500mL 容量瓶中，再加水至刻度，混匀。将溶液通过干的慢速定性滤纸过滤，用干烧杯收集滤液，弃去前 10mL，然后收集约 50mL 滤液备用。对于总五氧化二磷含量较低的产品（如低磷或无磷洗衣粉），移取 25.0mL 滤液至 50mL 比色管中，按“标准曲线制作”中“依次加入……”测定该溶液的吸光度，同时作空白试验（不加试样）。对于总五氧化二磷含量较高的产品（如含磷洗衣粉），移取 10.0mL（V）滤液，定容于 1000mL 容量瓶中，摇匀，再移取 25.0mL 至试管中，与上述同样程序测定该溶液的吸光度。

由净吸光度从标准曲线上查得相应的五氧化二磷量 m（μg）。

注：如果试验溶液的吸光度超过标准曲线上吸光度最大值，应减小试验溶液移取体积 V，重新测定。

Ⅲ. 结果

计算洗衣粉中总五氧化二磷含量以质量分数 X 计，数值以%表示，选择下式之一计算：

总五氧化二磷含量较低的产品：$X=\frac{m}{m_0}\times\frac{500}{25}\times10^{-4}$

总五氧化二磷含量较高的产品：$X=\frac{m}{m_0}\times\frac{500\times1000}{25\times V}\times10^{-4}$

式中 m——试验溶液净吸光度相当于五氧化二磷的质量，单位为微克（μg）；

m_0——试样的质量，单位为克（g）；

V——用于测定吸光度溶液的体积，单位为毫升（mL）。

以两次平行测定的算术平均值表示至小数点后一位为测定结果。

3）总活性物含量测定

• 原理

用乙醇萃取试验份，过滤分离，定量乙醇溶解物及乙醇溶解物中的氯化钠，产品中总活性物含量用乙醇溶解物含量减去乙醇溶解物中的氯化钠含量算得。需在总活性物含量中扣除水助剂时，可用三氯甲烷进一步萃取定量后的乙醇溶解物，然后扣除三氯甲烷不溶物而算得。

• 试剂

95%乙醇（GB/T 679），新煮沸后冷却[30]，用碱中和至对酚酞呈中性。

无水乙醇（GB/T 678），新煮沸后冷却。

硝酸银（GB/T 670），$c(AgNO_3)=1.0mol/L$ 标准滴定溶液，按 QB/T 2739 中的 4.5 配制和标定[31]。

铬酸钾（HG/T 3440），50g/L 溶液。

酚酞（GB/T 1029），10g/L溶液。

硝酸（GB/T 626），0.5mol/L溶液。

氢氧化钠（GB/T 629），0.5mol/L溶液。

三氯甲烷（GB/T 682）。

• 仪器

常用实验室仪器和

吸滤瓶，250mL、500mL或1000mL。

古氏坩埚：25～30mL，铺石棉滤层。

铺石棉滤层，先在坩埚底与多孔瓷板之间铺一层快速定性滤纸圆片，然后倒满经在水中浸泡24h，浮选分出的较粗的酸洗石棉稀淤浆，沉降后抽滤干，如此再铺两层较细酸洗石棉，于(105±2)℃烘箱内干燥后备用。

沸水浴。

烘箱，能控温于(105±2)℃。

烧杯，150mL、300mL。

干燥器，内盛变色硅胶或其他干燥剂。

量筒，25mL、100mL。

三角烧瓶，250mL。

玻璃坩埚，孔径16～30μm，约30mL。

• 取样

根据样品特点，按本标准“1）分样”所示方法处理和制备试验样品。

• 程序

Ⅰ. 乙醇溶解物的萃取

ⅰ）称取试验样品约2g，准确至0.1g，置于150mL烧杯中，加入5mL蒸馏水，用玻璃棒不断搅拌，以分散固体颗粒和破碎团块，直到没有明显的颗粒状物。加入5mL无水乙醇，继续用玻璃棒搅拌，使样品溶解呈糊状，然后边搅拌边缓缓加入90mL无水乙醇，继续搅拌一会儿以促进溶解。静置片刻至溶液澄清，用倾泻法通过古氏坩埚进行过滤，用吸滤瓶吸滤。将清液尽量排干，不溶物尽可能留在烧杯中，再以同样方法，每次用95%热乙醇25mL重复萃取、过滤，操作四次。将吸滤瓶中的乙醇萃取液小心地转移至已称量的300mL烧杯中，用95%热乙醇冲洗吸滤瓶三次，滤液和洗液合并于300mL烧杯中（此为乙醇萃取液）。

ⅱ）将盛有乙醇萃取液的烧杯置于沸腾水浴中，使乙醇蒸发至尽，再将烧杯外壁擦干，置于(105±2)℃烘箱内干燥1h，移入干燥器中，冷却30min并称重（m_1）。

Ⅱ. 乙醇溶解物中氯化钠含量的测定

将已称量的烧杯中的乙醇萃取物分别用100mL水、95%乙醇20mL溶解洗涤至250mL三角烧瓶中，加入酚酞溶液3滴，如呈红色，则以0.5mol/L硝酸溶液中和至红色刚好退去；如不呈红色，则以0.5mol/L氢氧化钠溶液中和至微红色，再以0.5mol/L硝酸溶液回滴至微红色刚好退去。然后加入1mL铬酸钾指示剂，用0.1mol/L硝酸银标准滴定溶液滴定至溶液由黄色变为橙色为止。

• 结果计算

Ⅰ. 乙醇溶解物中氯化钠的质量（m_2）以克计，按下式计算：

$$m_2 = 0.0585 \times V \times c$$

式中 0.0585——氯化钠的毫摩尔相对分子质量，单位为克每毫摩尔（g/mmol）；

V——滴定耗用硝酸银标准滴定溶液的体积，单位为毫升（mL）；

c——硝酸银标准滴定溶液的浓度，单位为摩尔每升（mol/L）。

Ⅱ. 样品中总活性物含量以质量分数X表示，按下式计算：

$$X = \frac{m_1 - m_2}{m} \times 100\%$$

式中 m_1——乙醇溶解物的质量，单位为克（g）；

m_2——乙醇溶解物中氯化钠的质量，单位为克（g）；

m——试验份的质量，单位为克（g）。

4）洗涤剂中4A沸石[32]含量的测定（滴定法）

• 原理

沸石在无机酸中易溶解并分解出铝离子。铝离子在pH3～3.5时与乙二胺四乙酸二钠（EDTA）形成络合物，以二甲酚橙为指示剂，用乙酸锌回滴过量的EDTA，定量铝离子（回滴定法）。到等当点后，在氟离子存在下煮沸，铝离子的EDTA络合物被选择性地解离，游离出等当量的EDTA，同样可以用乙酸锌滴定（氟化钠解离法），而准确地求出铝离子的含量。根据所得的铝离子含量计算出洗涤剂中4A沸石的含量。

• 试剂

乙二胺四乙酸二钠（EDTA）（GB/T 1401），c(EDTA)＝0.01mol/L标准滴定溶液，按QB/T 2739—2005中4.16配制和标定。

乙酸锌，$c[Zn(CH_3CO_2)_2]$＝0.01mol/L标准滴定溶液：按QB/T 2739—2005中4.17配制和标定。

二甲酚橙指示液，1g/L，参照QB/T 2739—2005中5.8配制，一个月内有效。

硝酸（GB/T 626），1mol/L溶液：量取70mL浓硝酸，搅拌下慢慢倒入900mL水中，稀释至1000mL。

氢氧化钠（GB/T 629），200g/L溶液：称取20g固体氢氧化钠，加100mL水溶液。

乙酸钠（GB/T 693），1mol/L溶液：称取13.6g乙酸钠（$CH_3COONa \cdot 3H_2O$），加水溶解并稀释至100mL。

乙酸铵（GB/T 1292），1mol/L溶液：称取77g乙酸铵（CH_3COONH_4），加水溶解并稀释至1000mL。

硝酸（GB/T 626），密度约1.4g/mL，约65%（质量分数）溶液。

氟化钠（GB/T 1264）。

精密pH试纸：pH2.7～4.7和pH1.4～3.0两种范围或适合pH2.0～2.5和pH3.0～3.5范围的其他精密pH试纸。

• 仪器

常用实验室仪器：

烧杯，50mL，250mL，400mL。

容量瓶，500mL。

移液管，10mL，25mL。

具塞滴定管，25mL。

• 程序

Ⅰ.回滴定法[33]

称取1.5～2.0g洗衣粉（称准至0.0001g，约含4A沸石200mg）于250mL烧杯中，加入50mL水和20mL浓硝酸，加热煮沸10min[34]，冷却后将溶液移至500mL容量瓶中，用水稀释至刻度并混匀。用移液管吸取25.0mL试样溶液于500mL烧杯中，加50mL水，用200g/L氢氧化钠溶液调节至pH2～2.5，然后用1mol/L乙酸钠溶液调节至pH3～3.5。准确加入0.01mol/L EDTA标准滴定溶液10.0mL，煮沸30min[35]。冷却后，加入1mol/L乙酸铵溶液20mL，将溶液pH缓冲至5～6，加水使总体积为150mL，加4～5滴二甲酚橙指示液，用0.01mol/L乙酸锌标准滴定溶液进行回滴定，溶液颜色由黄色变为红色即为终点。用同样操作进行空白试验。

Ⅱ.氟化钠解离滴定法[36]

按回滴定法滴定至终点后，在试样溶液中加入0.5g氟化钠，煮沸到溶液的红色消失。放冷后，用0.01mol/L乙酸锌标准滴定溶液滴定从铝离子的EDTA络合物中游离出来的EDTA，溶液由黄色转为红色即为终点。

Ⅲ. 结果计算

ⅰ) 洗涤剂中4A沸石含量以质量分数 X 表示，回滴定法测定结果按下式计算：

$$X=\frac{(V_0-V_1)\times c\times 0.02698\times 6.77\times 20}{m}\times 100\%$$

ⅱ) 洗涤剂中4A沸石含量以质量分数 X 表示，氟化钠解离法测定结果按下式计算：

$$X=\frac{V_2\times c\times 0.02698\times 6.77\times 20}{m}\times 100\%$$

式中 V_0——空白试验耗用乙酸锌标准滴定溶液的体积，单位为毫升（mL）；

V_1——试样测定耗用乙酸锌标准滴定溶液的体积，单位为毫升（mL）；

c——乙酸锌标准滴定溶液的浓度，单位为摩尔每升（mol/L）；

0.02698——铝的毫摩尔相对原子质量，单位为克每毫摩尔（g/mmol）；

6.77——铝换算为4A沸石 $\{Na_{96}[(AlO_2)_{96}\cdot(SiO_2)_{96}]\cdot 216H_2O\}$ 的系数；

V_2——氟化钠处理后滴定所耗用的乙酸锌标准滴定溶液的体积，单位为毫升（mL）；

m——洗衣粉试样的质量，单位为克（g）。

平行测定两次。

(2) 标准的相关内容解读

[1] 规定的理化性能检验方法和重要程度如表9-2所示。

表9-2 洗衣粉理化检验项目

序号	检验项目	强制性/推荐性	检测方法	重要程度分类		
				A类	B类	C类
1	外观	推荐性	GB/T 13171—2004			●
2	表观密度	推荐性	GB/T 13173—2008		●	
3	总活性物含量	推荐性	GB/T 13173—2008	●		
4	总五氧化二磷(P_2O_5)含量	推荐性	GB/T 13173—2008	●		
5	游离碱(以NaOH计)含量	推荐性	GB/T 13171—2004 附录B	●		
6	pH值(0.1%溶液,25℃)	推荐性	GB/T 6368—2008		●	

[2] GB/T 13173—2008为“表面活性剂洗涤剂实验方法”，在国标原文的②中详细叙述了部分指标测定方法。

[3] 表观密度 单位表观体积的质量。用给定体积称量法进行测定，用占有一定体积的粉体质量来评价。具体方法如“根据国标制定检测方案”部分所述。

[4] 总活性物质 在配方中显示活性的全部表面活性剂。洗涤剂的总活性物质含量测定方法是：用乙醇萃取试验份，过滤分离，定量乙醇溶解物及乙醇溶解物中的氯化钠，产品中总活性物含量用乙醇溶解物含量减去乙醇溶解物中的氯化钠含量算得。需在总活性物含量中扣除水助剂时，可用三氯甲烷进一步萃取定量后的乙醇溶解物，然后扣除三氯甲烷不溶物而算得。具体方法如“根据国标制定检测方案”部分所述。

[5] 总五氧化二磷 根据GB/T 13173—2008测定方法有两种，分别为磷钼酸喹啉重量法和磷钼蓝比色法。

方法一：磷钼酸喹啉重量法。用硝酸水解聚磷酸盐，在丙酮溶液中磷酸盐以磷钼酸喹啉形式沉淀出来，将沉淀过滤、洗涤、干燥并称重。

方法二：磷钼蓝比色法。试样溶液滤去沸石等水不溶物后，取一定体积试液加入钼酸铵-硫酸溶液和抗坏血酸溶液，在沸水浴中加热45min，聚磷酸盐水解成正磷酸盐并生成磷钼蓝，用分光光度计在波长 650nm 下测定吸光度 A，由标准曲线上求出相应吸光度的五氧化二磷（P_2O_5）量，计算相对样品的含量。

［6］游离碱　电位滴定法。用盐酸标准滴定溶液滴定洗衣粉样品溶液至某一设定的 pH 值，将消耗的盐酸溶液用等摩尔的氢氧化钠表示为洗衣粉中游离碱的含量。

［7］GB/T 6863—2008 为"表面活性剂　水溶液 pH 值的测定　电位法（surface active agents-determination of pH aqueous solution-potentiometric method）"，本标准规定了采用电位法测定表面活性剂水溶液 pH 值的方法，适用于表面活性剂水溶液 pH 值测定。

［8］pH 值　电位法。测量浸入溶液的待测试液中的电极电位差，用 pH 值表示。

［9］表面活性剂　一种具有表面活性的化合物，它溶于液体特别是水中，由于在液/气表面或其他界面的优先吸附，使表面张力或界面张力显著降低。

［10］洗涤剂　通过洗净过程用于清洗的专门配制的产品。

［11］分样（reduced sample）　在不改变组成的情况下，通过减少样品的量而得到的样品（在减少样品的同时，也可能减少样品的颗粒度）。

［12］颗粒度（granularity）　是指洗衣粉的颗粒大小和均匀度。

［13］非离子表面活性剂（non-ionic surface active agent）　在水溶液中不产生离子的表面活性剂。非离子表面活性剂在水中的溶解度是由于分子中存在具有亲水性强的官能团。

［14］发泡力（foaming power）　产品产生泡沫的能力。

［15］螯合剂（chelating agent）具有几个电子给予体基团的分子结构，能够通过螯合与金属离子结合的物质。

［16］白度　在可见光区域内，物体表面相对完全白物体（标准白）漫反射辐射能的大小的比值，用百分数表示。

［17］大批样品（bulk sample）　不保持其独特性的汇集批样品。

混合大批样品（blended bulk sample）　汇集的批样掺合在一起得到的均一大批样。

［18］最终样品（final sample）　为了试验、参考或保存的目的，按照能够再分成相同份样的取样方法得到或制备的样品。

［19］实验室样品（laboratory sample）　为了送至实验室检验或试验用而制备的样品。

［20］参考样品（reference sample）　与实验室样品同时制备，并与之等同的样品。此样品可被有关各方接受并保留为在有异议时，用作实验室样品。

［21］保存样品（storage sample）　与实验室样品同时制备，并与之等同的样品。此样品将来可被用作实验室样品。

［22］试验样品（test sample）　由实验室样品制得，从中可直接称取试验份。

［23］650nm 是磷钼蓝的最大吸收波长。根据吸收互补光原理，反应生成的物质为蓝色，其对应的互补光为橙红色的光，而波长 650nm 的可见光为橙红色。

选择在最大吸收波长处测定物质吸光度的原因是：有色物质在最大吸收波长处吸收的灵敏度最高。

分光光度法的原理是：有色化合物分子能吸收可见光。根据朗伯-比耳定律，在有色化合物浓度较低时，对某一波长光的吸光度与该物质的浓度成正比，即 $A=kc$。由此可以进行定量分析。

［24］所用到的所有试剂的量要根据实验中用到的最大量加上可能造成的损耗进行配制。

［25］GB/T 625 为"化学试剂硫酸（chemical reagent surfuric acid）"，该标准规定了化

学试剂硫酸的技术方法、试验方法、检验规则、包装及标识。该标准规定硫酸含量为95%～98%。

[26] 由于硫酸遇水会放出大量的热，为了防止暴沸，因此硫酸的配制正确的程序是将硫酸缓慢地加入水中，切忌将水倒入浓硫酸中。

[27] 抗坏血酸又称维生素C，具有较强的还原性，容易被空气中的氧气所氧化，因此在空气中的存储时间不长，一般应现用现配。

[28] 分光光度计是测定溶液吸光度的仪器，由光源、单色器、样品池、检测器和显示器组成，需要配合比色皿使用。本测定所用的波长为650nm，属于可见光，因此用玻璃比色皿即可。

[29] 标准曲线可用手工绘制，也可用相应软件在计算机上绘制。

手工绘制需用坐标纸和铅笔作图，注意在图上标明横坐标和纵坐标的名称和单位，并在图的下方标上图的名称——"×××标准曲线图"。

软件作图常用的软件有：Microsoft excel、origin 等。目前，一些分光光度计已经带数据处理软件，测定结束会自动建立标准曲线，直接获得样品测定结果。

[30] 除去乙醇中溶解的CO_2。

[31] 1.0mol/L $AgNO_3$标准滴定溶液的标定方法：

• 配制

称取17.5g硝酸银，溶于1000mL水中，摇匀。溶液贮存于棕色瓶中。

• 标定

称取已于500～600℃灼烧至恒重的工作基准试剂氯化钠0.22g（精确到0.0001g）于250mL锥形瓶中，以70mL水溶解，加10mL淀粉溶液（10g/L），在摇动下用配制好的硝酸银溶液避光滴定，近终点时，加3滴荧光素指示液（5g/L），继续滴定至乳液呈淡粉红色。

硝酸银标准滴定溶液的浓度［$c(AgNO_3)$］，数值以摩尔每升（mol/L）表示，按下式计算：

$$c(AgNO_3)=\frac{m\times 1000}{VM}$$

式中 m——氯化钠质量的准确数值，g；

V——硝酸银溶液体积的数值，mL；

M——氯化钠摩尔质量的数值，g/mol，［$M(NaCl)=58.442$］。

[32] 4A沸石是一种结晶型铝硅酸钠，化学组成为$Na_{96}[(AlO_2)_{96}\cdot(SiO_2)_{96}]\cdot 216H_2O$。由于其分子结构是三维体，有许多孔洞，孔径为4Å（0.4nm），恰好是钙离子的直径，可将钙离子吸附，而对镁离子的结合则很微弱，因此它达不到软化水的效果。4A沸石的pH值为中性，因此应在洗衣粉中添加一定量的碱才能满足洗衣粉所需的碱性。另外4A沸石不但不溶于水，而且易与污物结合生成壳状水不溶物（即钙沉积），造成衣物的二次污染、漂洗困难，为此需要加入柠檬酸钠等作为分散剂。另外，每年洗涤剂行业所消耗排放掉的4A沸石，会在不同的地表面形成新的堆积物，这样对环境、生态也将是个负担。目前对4A沸石的改良仍在探讨研究当中，因此4A沸石并不能完全替代三聚磷酸钠。

[33] 所以采用回滴法，是因为Al^{3+}与EDTA的络合速率较慢，不适于直接滴定。

[34] 沸石在无机酸中分解出铝离子。

[35] 因为pH=3时，$\lg a_{Y(H)}=10.8$，$\lg K_{AlY}=16.1$，所以$\lg K'_{AlY}=16.1-10.8=$

5.3。Al^{3+} 与 EDTA 可以充分反应，但要将 pH 值调至 5～6，从 EDTA 酸效应曲线中可以看出，Zn^{2+} 与 EDTA 用于达到滴定反应的最小酸度为 3.9，实际反应的 pH 值高于最小 pH 值，pH 值越高，酸效应系数越小，金属离子与 EDTA 结合越牢固，所以选择 pH5～6（最低的 pH 值取决于允许的误差和检测终点的准确度）。

［36］氟化钠解离法

$$H_2Y^{2-}+Al^{3+}\longrightarrow AlY^-+2H^+$$

用 Zn^{2+} 滴定过量的 EDTA，反应如下：

$$Zn^{2+}+H_2Y^{2-}\longrightarrow ZnY^{2-}+2H^+$$

上述两个式子即为回滴法原理。

用 NaF 来置换 Al^{3+}，原理如下：

$$6F^-+AlY^-+2H^+\longrightarrow AlF_6^{3-}+2H_2Y^{2-}$$

当 pH=5 时，$\lg K_{AlY}=6.5$ 而 $\lg K_{AlF_6^{3-}}=19.7$，完全可以置换。F^- 只与 Al^{3+}、Th^{4+}、Fe^{3+}、TiO^{2+}、Zr^{4+} 等结合较为紧密，而上述离子或离子基团只有 Fe^{3+} 可能有干扰，但 pH=5 时，$\lg K_{FeY}=18.5$，$\lg K_{AlF_6^{3-}}=11.9$。所以氟化钠不能置换 Fe^{3+}，则此方法不会有其他重金属干扰。

用 $Zn(CH_3COO)_2$ 滴定置换出来的 EDTA，原理如下：

$$Zn^{2+}+H_2Y^{2-}\longrightarrow ZnY^{2-}+2H^+$$

$$Zn^{2+}+XO\longrightarrow Zn\text{-}XO$$

当 Zn^{2+} 稍微过量时，二甲酚橙指示剂显红紫色，到达滴定终点。

洗衣粉中 4A 沸石含量一般可按回滴法，但是在洗衣粉中重金属离子含量足以影响测定结果时，应采用氟化钠解离法。

9.1.2.3　根据国标制订检验方案

（1）抽样与分样　按“9.1.2.2②中 1）”所示方法进行分样，抽样按如下方法进行，并填写表 9-3，做好样品档案记录。

① 抽样　产品按批交付和抽样验收，一次交付的同一类型、规格、批号的产品组成一交付批。生产单位交付的产品，应先经其质量检验部门按本标准检验，符合本标准并标识质量合格证明。收货单位根据质量合格证明，按本标准验收。

② 取样　收货单位验收、仲裁检验所需的样品，应根据产品批量大小按表 9-3 确定样本大小。

表 9-3　批量和样本大小

批量/箱(大包装袋)	≤50	51～150	151～500	501～3200	3200 以上
样本大小/箱(大包装袋)	3	5	8	13	20

在交货地点随机抽取样本。在检验理化指标时，从每个样箱（大包装袋）中随机取 2 袋，再从各袋取出等量样品，使总量约 3kg（若取 2 袋不够，可适当增加袋数），按上述分样方法混匀，分装在三个洁净、干燥的容器中，签封。标签上应注明产品名称、标记、批号、取样日期、制造者名称、取样人，标签设计如表 9-4 所示。交收双方各执一份进行检验，第三份由交货方保管，备仲裁检验用，保管期不超过一个月。

表 9-4 抽样标签

编号	取样日期	产品名称
样品批号	制造者	取样人

（2）测定与记录

① 外观　白色或白带色粒，不结团的粉状或粒状，记录观察现象于原始记录表（见表 9-5）。

表 9-5 洗衣粉成品检验原始记录

产品名称		取样日期		检验日期				
批　号		数量		采样数量				
检测依据								
外观	白色或白带色粒，不结团的粉状或粒状（是，否）							
表观密度	$\rho=\frac{m_3-m_0}{V}$	样 1	m_0：	m_1：	m_2：	m_3：	V：	p： ｜平均值$\bar{\rho}$=
		样 2	m_0'：	m_1'：	m_2'：	m_3'：	V'：	p''：
pH 值（0.1%溶液，25℃）	pH_1=		pH_2=		平均值 pH=			
总活性物含量	乙醇溶解物 m_1/g	m_1=烘后烧杯加乙醇溶解物质－空烧杯质量	平行样 1	m_1=	－	=		
			平行样 2	m_1'=	－	=		
	氯化物 m_2/g	m_2=硝酸银标准溶液的浓度×耗用硝酸银标准溶液的体积×0.0585	平行样 1	m_2=	×	×0.0585=		
			平行样 2	m_2'=	×	×0.0585=		
	总活性物含量 X/%	$X=\frac{m_1-m_2}{m}\times100\%$ m（试样质量，g）=	平行样 1	$X-$		平均值：		
			平行样 2	X'=				
总五氧化二磷含量 X（磷钼蓝法）	标准曲线测定	$m/\mu g$	0	20	40	60	80	100 ｜150 ｜200
		净吸光度 A						
		线性方程：	相关系数：R=	（标准曲线图另附）				
	试样测定	总五氧化二磷含量较低的产品：$X=\frac{m}{m_0}\times\frac{500}{25}\times10^{-4}$	样 1 m_0：	A_1： m_1：	X_1=	平均值 $\bar{X}$=		
			样 2 m_0'：	A_2： m_2：	X_2=			
		总五氧化二磷含量较高的产品：$X=\frac{m}{m_0}\times\frac{500\times1000}{25\times V}\times10^{-4}$	样 1 m_0：	A_1： m_1：	X_1=	平均值 $\bar{X}$=		
			样 2 m_0'：	A_2： m_2：	X_2=			
4A 沸石含量	回滴定法	$X=\frac{(V_0-V_1)\times c\times0.02698\times6.77\times20}{m}\times100\%$ 乙酸锌标准溶液的浓度 c=	样 1 m：	V_0： V_1：	X=	平均值 $\bar{X}$=		
			样 2 m'：	V_0'： V_1'：	X'=			
	氟化钠解离滴定法	$X=\frac{V_2\times c\times0.02698\times6.77\times20}{m}\times100\%$ 乙酸锌标准溶液的浓度 c=	样 1 m：	V_0： V_1：	X=	平均值 $\bar{X}$=		
			样 2 m'：	V_0'： V_1'：	X'=			
游离碱含量 X/%		$X=\frac{V\times c\times40\times40}{1000m}\times100$ 盐酸标准溶液浓度 c=	样 1 m：	V_1：	X_1=	平均值 $\bar{X}$=		
			样 2 m'：	V_2：	X_2=			
结　论			备　注					

检验员（签名）：　　　　　　　　　　　　　　复核员（签名）：

② 表观密度　在规定条件下，将试样从一个具有规定形状的漏斗中漏下，装满一个已知容积的受器后，测定此粉体的质量。

③ 装置

a. 漏斗，测定自由流动的粉体时，下口的内径采用 40mm，上口内径采用 108mm，高度采用 130mm；而测定有结块趋势的粉体时，下口内径采用 60mm，上口内径采用 112mm，高度采用 100mm。

b. 受器，经校准的，容量为 500mL，用与漏斗类似材料制作。

c. 支架，能使漏斗和受器对应定位，漏斗可借助漏斗法兰及支架顶板的孔，用定位销或螺钉固定。受器可用定位销或其他适当的方式固定在漏斗下面的正中央。

d. 截止板，110mm×70mm。

e. 直尺，长度为150mm。

f. 玻璃板，100mm×100mm×7mm。

④ 程序

a. 受器的校准　按下法测定容积，校准受器。

把空的干净受器称准至 0.1g，置于一个水平面上，用刚煮沸过冷却至 20℃的蒸馏水充满受器，并轻轻敲打器壁以除去在倒水的过程中聚集起来的任何气泡。将已称量的玻璃板水平地放到受器边缘，慢慢移动玻璃板，使之通过过水表面。当将要通过时，再加 1～2mL 蒸馏水到受器中去，移动此板，使之完全覆盖该受器。小心用滤纸擦干露在受器外面的玻璃板下面及受器外壁的水，然后称量，精确到 0.1g。

容器的容积（V）以毫升计，按下式计算：

$$V=\frac{m_2-(m_0+m_1)}{\rho}$$

式中　m_2——充满水并盖有玻璃板的受器质量，g；

m_0——空受器的质量，g；

m_1——玻璃板的质量，g；

ρ——水的密度，$\rho=1\text{g/mL}$。

b. 测定　将漏斗放到支架上，称量过的受器放在下底板的定位槽内。用截止板遮住漏斗的下口，握住此板并使之轻轻地紧贴着漏斗。把试样倒入漏斗，直至其上缘，然后快速地移去截止板，漏斗中的试样随即流入受器并溢出。用直尺沿着受器的上口边缘，小心地把粉体刮平呈平面，并用干布擦净受器外壁。称量受器及内容物，精确到 0.1g。用不同的试验份样至少进行两次测定。

c. 结果计算　粉体表观密度（ρ）以克每毫升表示，按下式求得：

$$\rho=\frac{m_3-m_0}{V}$$

式中　m_3——受器及其内容物的总质量，g；

m_0——空受器的质量，g；

V——受器的体积，mL。

以两次平行测定结果的算术平均值表示至小数点后三位作为测定结果，并记录于表 9-5 中。

⑤ 总五氧化二磷　按“9.1.2.2②中 2）”所示方法进行测定，以两次平行测定的算术平均值表示至小数点后一位为测定结果，将数据和测定结果记录于表 9-5 中。

⑥ 总活性物含量　按“9.1.2.2②中 3）”所示方法进行测定，并将数据和结果记录于

表 9-5 中。

⑦ 4A 沸石含量 按“9.1.2.2②中 4)”所示方法进行测定，并将数据和结果记录于表 9-5 中。

⑧ 游离碱（电位滴定）

a. 试样的制备 称取试样约 8g（称准至 0.001g）至 500mL 的烧杯中，加入约 250mL 煮沸并冷却至室温的水，然后在电磁搅拌器上搅拌 10min，使充分溶解，再转移至 2000mL 容量瓶中，加水定容。

b. pH 计校准 打开 pH 计预热 30min，按仪器使用方法依次用混合磷酸盐和四硼酸钠缓冲溶液校准。在测试两个或两个以上洗衣粉样品时，在更换样品之前应重新校准 pH 计。

c. 滴定 用移液管准确移取试液 50.0mL 至 100mL 烧杯中，在电磁搅拌下用 0.05mol/L 盐酸标准滴定溶液滴定，并用 pH 计跟踪测定溶液 pH 值。当溶液 pH 值为 9.0，并且稳定 10s 不变时，即为滴定终点，记录消耗盐酸标准滴定溶液的体积。

d. 结果的表示 分析结果计算洗衣粉中游离碱含量 X，以氢氧化钠的质量分数表示，按下式计算。

$$X=\frac{V\times c\times 40\times 40}{1000m}\times 100\%$$

式中 V——滴定耗用盐酸标准滴定溶液的体积，mL；

c——盐酸标准滴定溶液的浓度，mol/L；

m——试验份的质量，g。

以两次平行测定的算术平均值表示至小数点后一位为测定结果，将实验数据和测定结果记录于表 9-5 中。

⑨ pH 值

a. pH 计的校正 用 pH6.86 和 pH9.18 标准缓冲溶液对 pH 计进行校正。

b. 试样溶液的制备 称取试样 10.0g 置于烧杯中，称准至 0.001g，用蒸馏水溶解，移入 1000mL 容量瓶中，稀释至刻度，摇匀备用。

c. 测定 将上述溶液倒入烧杯中，置于磁力搅拌器上搅拌后，停止搅拌，插入电极，待 pH 计稳定 1min 读数。同一试样平行测量 2 次，测量之差不大于 0.1pH 单位，将测定结果记录于表 9-5 中。

在测定阳电荷性表面活性剂样品时，每次测量均需校正 pH 计。

(3) 成品检验单和检测报告 成品检验单和检测报告如表 9-6 所示，根据测定结果填写表 9-6。

(4) 检验合格的判断 检验结果按修约值比较法判定合格与否。如指标有一项不合格，可重新取两倍箱（大包装袋）样本采取样品对不合格项进行复验，复验结果仍不合格，则判该批产品不合格。

交收双方因检验结果不同，如不能取得协议时，可商请仲裁检验，仲裁结果为最后依据。

9.1.3 问题与思考

① 什么是合成洗涤剂，分为几类？

② 国标规定的洗衣粉理化指标有哪些，具体规定如何？

③ 总五氧化二磷含量的测定方法有哪些，各自原理是什么？

④ 为什么采用回滴法测定 4A 沸石含量？

⑤ 在 4A 沸石含量的测定中，为什么要将 pH 值调至 5～6？

表 9-6 洗衣粉质量检验报告单

________公司

洗衣粉质量检验报告单

产品名称：________ No.________
生产数量：________ 报告日期：________
生产批号：________ 生产日期：________
抽检数量：________ 检验日期：________

检验项目	标准要求	检测依据	检验结果
外观	白色或白带色粒，不结团的粉状或粒状		
表观密度/(g/cm^3)			
总活性物含量/%			
总五氧化二磷含量			
4A 沸石含量/%			
游离碱/%			
pH 值(0.1%溶液，25℃)			
结 论			
备 注			

检验员： 复核员：

第一联：存根； 第二联：车间； 第三联：仓库

⑥ 在 4A 沸石含量的测定中，pH 调节中需要注意什么？

⑦ 回滴法的原理是什么？为什么要用氟化钠解离法，什么情况下使用该法？

⑧ pH 计如何校准？

⑨ 检验结果的判定原则是什么？

9.2 餐具洗洁精成品理化指标检验（自主项目）

9.2.1 工作任务书

“餐具洗洁精成品理化指标检验”工作任务书见表 9-7。

表 9-7 “餐具洗洁精成品理化指标检验”工作任务书

工作任务	某批次洗洁精的出厂检验		
任务情景	企业乙为企业甲加工生产若干批批量为 20000 件的餐具洗洁精，企业乙完成了某批次的加工任务，在准备向企业甲交货前进行出厂前检验		
任务描述	完成该批次洗洁精外观、气味、稳定性、浊点、总活性物含量、pH 值、细菌总数等指标的检验，并根据实际检验结果作出该批次产品的质量判断		
目标要求	(1)能按国标方法完成全过程检验 (2)能根据检验结果对整批产品质量作出初步评价判断		
任务依据	GB/T 9985—2000、CCGF 211.8—2008、GB/T 4789.02—2003、GB /T 4789.03—2003、GB/T 113171—2008、QB 1994—2004		
学生角色	企业乙的质检部员工	项目层次	自主项目
成果形式	1. 检验方案 2. 项目实施报告(包括洗衣粉理化指标检验意义、步骤、方法；实施过程的原始材料：领料单、采样及样品交接单、产品留样单、原始记录单、洗衣粉理化指标检验报告单；问题与思考) 3. 查找的国标资料		
备注	成果材料要求制作成规范文档，提倡电子文档打印上交或上传课程网站，原始记录要求表格事先设计，数据现场记录(上传课程网站的原始记录表以原始件影印形式编入电子文档)		

9.2.2 项目实施基本要求

① 查阅相关国家标准，展示查阅结果；

② 解读国家标准、检验意义、步骤、方法及相关原理；

③ 根据国标制定检验方案，设计相关表格，列出工具与材料；

④ 根据检验方案实施检验，提交检验结果；

⑤ 成果材料整理与提交。

9.2.3 问题与思考

① 洗洁精的外观、气味、稳定性、总活性物含量、pH 值、细菌总数等指标在国标中是如何规定的，应符合哪些要求？

② 餐具洗洁精的三级分类代码是什么？

③ 比较洗衣粉与洗洁精的检验指标的异同。

④ 洗洁精低温和高温稳定性是如何规定的？

⑤ 什么是浊点，餐具洗洁精的浊点是如何规定的？

9.3 举一反三（拓展项目）

请学员自选一种合成洗涤剂，并完成对其外观、pH 值、总活性物含量等理化指标的检验，并对其品质做出判断。

要求：

① 自拟任务书和检验方案；

② 自主完成检验，提交完整原始材料；

③ 完成检验报告，做出产品品质判断。

9.4 教学资源

9.4.1 相关知识技能要点

9.4.1.1 合成洗涤剂

（1）合成洗涤剂的定义　合成洗涤剂是指以去污为目的而设计配制的产品，其主要原料是通过化学合成而得到的，因此人们为了区别于天然洗涤剂，把由人工合成的洗涤用品统称为合成洗涤剂。合成洗涤剂由活性成分和辅助成分构成。活性成分（表面活性剂）是合成洗涤剂在洗涤过程中去除污垢的主要成分。作为辅助成分的有助剂、抗沉淀剂、荧光增白剂、酶、填充剂等。各种辅助成分在洗涤过程中辅助和提高活性成分的去污作用，改良洗涤剂的某些性质，使产品能得到满意的使用效果。合成洗涤剂实际上是由各种表面活性剂和各种助洗剂通过合适的比例配制而成的。

合成洗涤剂可以分为洗衣粉、洗衣膏和液体洗涤剂等产品。由于合成洗涤剂性能优越、使用方便，其发展速度很快，已成为洗涤用品中的主要产品，在数量和品种上都远远超过了肥皂。

（2）合成洗涤剂的分类　合成洗涤剂通常按用途分为家用洗涤剂和工业、公共卫生用洗涤剂两类，再进一步细分为重垢型合成洗涤剂和轻垢型合成洗涤剂。重垢型合成洗涤剂是指具有和洗衣皂相同目的的以棉布等材质的内衣上难以脱落的污垢为洗涤对象的普通洗涤剂。轻垢型合成洗涤剂是以外套衣物上易脱落的灰尘等污垢为洗涤对象的合成洗涤剂。由于羊毛、兔毛、真丝等丝毛织物在弱碱性条件下洗涤时会损伤丝毛纤维的质感，因此常用轻垢型合成洗涤剂洗涤。蔬菜、水果用洗涤剂需要具有水溶性且可防止蔬菜和水果在洗后发生变质，一般为轻垢型液体洗涤剂。餐具洗涤剂由于是以附着在硬表面上比较容易除去的污垢为洗涤对象的，且需要和手接触，因而以中性轻垢型合成洗涤剂为主。另外，餐具洗涤剂也多兼作洗涤蔬菜、水果用。香波是以洗涤身体为目的的液体洗涤剂，分为洗发用和洗发以外用两种，前者是轻垢型合成洗涤剂，后者主要是配入肥皂的洗涤剂。居室用洗涤剂由于洗涤对象、污垢种类、沾污程度等多种多样，因此种类最多。

工业用合成洗涤剂使用对象很多，如用于纺织业洗涤纤维，用于化工、医药、机械等行业洗涤金属器件等。

公共卫生用洗涤剂是以洗涤大件物品为目的，根据使用条件而用及的各种洗涤剂。

(3) 合成洗涤剂的发展　合成洗涤剂中使用量最大的是洗衣粉，而发展最快的是液体洗涤剂。由于液体洗涤剂较固体洗涤剂在品种、性能、生产工艺等方面具有很多优点，国内外生产企业竞相开发。目前，液体洗涤剂已在数量上超过洗衣粉和肥皂等固体洗涤剂，成为洗涤用品中的主体产品。

随着生活水平的提高，人们对于合成洗涤剂的要求日益多样化，例如要求衣用洗涤剂能去除各种顽固性污垢，漂洗方便，洗后增白，衣物反复洗涤不泛黄；要求手洗用洗涤剂不刺激皮肤；要求洗涤剂能适应洗涤对象和污渍对象，更加专有化、功能化等。又如，要求丝毛洗涤剂必须对丝毛纤维无损伤并不引起衣物缩皱；卫生间用洗涤剂能化解堵塞物；餐具洗涤剂要有杀菌功能；发用洗涤剂能够调理、滋润头发，还要有防脱发、去头屑的功能；浴用洗涤剂要防脱脂、杀菌，有的要求兼具减肥功能等。总之，正是消费者对合成洗涤剂质量、品种、数量的高要求推动了合成洗涤剂行业的发展。

9.4.1.2 洗衣粉产品的分类

(1) 产品分类及代码　见表 9-8。

表 9-8　洗衣粉产品分类及代码

产品分类	一级分类	二级分类	三级分类
分类代码	2	211	211.7
分类名称	日用消费品	日用化工品	洗衣粉(含洗衣膏)

(2) 产品种类　洗衣粉按品种、性能和规格分为含磷（HL 类）和无磷（WL 类）两类，每类又分为普通型（A 型）和浓缩型（B 型），命名代号如下：

HL 类：含磷酸盐洗衣粉，分为 HL-A 型和 HL-B 型，分别标记为“洗衣粉 HL-A”，和“洗衣粉 HL-B”；

WL 类：无磷酸盐洗衣粉，总磷酸盐（以 P_2O_5 计）≤1.1%，分为 WL-A 型和 WL-B 型，分别标记为“洗衣粉 WL-A”和“洗衣粉 WL-B”。

(3) 企业规模划分　根据该行业的实际情况、生产企业规模以洗衣粉（含洗衣膏）类产品年销售额为标准划分为大、中、小型企业，见表 9-9。

表 9-9　洗衣粉（含洗衣膏）类企业规模划分

企业规模	大型企业	中型企业	小型企业
销售额/万元	≥10000	≥1000 且<10000	<1000

9.4.1.3 餐具洗洁精产品分类

(1) 产品分类及代码　见表 9-10。

表 9-10 餐具洗洁精产品分类及代码

产品分类	一级分类	二级分类	三级分类
分类代码	2	211	211.8
分类名称	日用消费品	日用化工品	餐具洗涤剂

（2）产品种类 餐具洗涤剂包括手洗用餐具洗涤剂类、机洗用餐具洗涤剂类。按用途分又可分为餐具（含果蔬）用洗涤剂和食品工业用（含复合主剂）洗涤剂两大类。

（3）企业规模划分 根据该行业的实际情况，生产企业规模以餐具洗涤剂类产品年销售额为标准划分为大、中、小型企业，见表 9-11。

表 9-11 餐具洗涤剂类企业规模划分

企业规模	大型企业	中型企业	小型企业
销售额/万元	≥5000	≥500 且<5000	<500

9.4.2 相关企业资源（引自企业的相关规范、资料、表格）

相关企业资源示例见表 9-12～表 9-16。

表 9-12 ×××有限公司

洗衣粉成品检验原始记录（一） No. ________

产品名称		取样日期	
批号		检验日期	
数量		采样数量	

外观： 气味：

颗粒度： 平均：

表观密度： 平均：

pH 值(0.1%溶液,25℃) 平均：

4A 沸石含量(%) $X=\frac{(\text{空白耗用醋酸锌体积}-\text{样品耗用醋酸锌体积})\times\text{醋酸锌浓度}\times0.02698\times6.77}{\text{试样质量}\times25/500}\times100$

$X_1=\frac{(\quad-\quad)\times\quad\times0.02698\times6.77}{\times25/500}\times100=$

$X_2=\frac{(\quad-\quad)\times\quad\times0.02698\times6.77}{\times25/500}\times100=$ 平均值：

水分及挥发物(%) $X=\frac{(\text{空瓶质量}+\text{样品质量}-\text{干燥后样品加空瓶质量})}{\text{试样质量}}\times100$

$X_1=\frac{\quad+\quad-\quad}{\quad}\times100=$

$X_2=\frac{\quad+\quad-\quad}{\quad}\times100=$ 平均值：

阴离子活性物(%) $X=\frac{V\times0.004\times343\times250\times10^{-3}}{20\times m}\times100$

$X_1=\frac{\times0.004\times343\times250\times10^{-3}}{20\times}\times100=$

$X_2=\frac{\times0.004\times343\times250\times10^{-3}}{20\times}\times100=$ 平均值：

结论		备注	

检验员： 复核员：

表 9-13 ×××有限公司

洗衣粉成品检验原始记录（二）

No. ______

产品名称		取样日期	
批号		检验日期	
数量		采样数量	

外观： 气味：

颗粒度： 平均：

表观密度： 平均：

pH值(0.1%溶液,25℃) 平均：

聚磷酸盐含量(%) $X=\frac{(\text{烘后坩埚、沉淀质量}-\text{烘前坩埚质量})\times 0.03207\times 1.728}{\text{试样质量}\times 25/500}\times 100$

$X_1=\frac{(\quad-\quad)\times 0.03207\times 1.728}{\times 25/500}\times 100=$

$X_2=\frac{(\quad-\quad)\times 0.03207\times 1.728}{\times 25/500}\times 100=$ 平均值：

水分及挥发物(%) $X=\frac{(\text{空瓶质量}+\text{样品质量}-\text{干燥后样品加空瓶质量})}{\text{试样质量}}\times 100$

$X_1=\frac{\quad+\quad-\quad}{}\times 100=$

$X_2=\frac{\quad+\quad-\quad}{}\times 100=$ 平均值：

乙醇溶解物(%) X＝烘后烧杯加乙醇溶解物质－空烧杯质量

$X_1=\quad-\quad=$

$X_2=\quad-\quad=$

氯化物(%) X＝硝酸银标准溶液的浓度×耗用硝酸银标准溶液的体积×0.0585

$X_1=\quad\times\quad\times 0.0585=$

$X_2=\quad\times\quad\times 0.0585=$ 平均值：

总活性物含量(%)＝(乙醇溶解物 －氯化物)/ ＝ %

总活性物含量(%)＝(乙醇溶解物 －氯化物)/ ＝ % 平均值：

结论		备注	

检验员： 复核员：

表 9-14 ×××有限公司

洗洁精车间化验原始记录

No. ______

品名及批号 / 项目						
外观						
气味						
pH值(25℃,%溶液)						
浊点/℃						
黏度/Pa·s						

续表

品名及批号 项目						
固含量/%	称量瓶质量(m_1)/g					
	洗洁精质量(m)/g					
	烘干后，称量瓶＋洗洁精质量(m_2)/g					
	固含量/% $X=\frac{m_2-m_1}{m}\times 100\%$					
稳定性	低温					
	高温					
结论						
备注						

检验员： 复核员：

表 9-15 ×××有限公司

洗衣粉质量检验报告单

产品名称：________ No. ________

生产数量：________ 报告日期：________

生产批号：________ 生产日期：________

抽检数量：________ 检验日期：________

检验项目	标准要求	检验结果
外观	白色或白带色粒，不结团的粉状或粒状	
气味	符合规定香型	
颗粒度	通过 1.25mm 筛的筛分率不低于 90%	
水分及挥发物/%		
表观密度/(g/cm^3)		
总活性物含量/%		
聚磷酸盐或 4A 沸石含量/%		
总活性物、聚磷酸盐、0.77 倍 4A 沸石之和含量/%		
pH 值(0.1%溶液，25℃)		
游离碱/%		
结 论		
备 注		

检验员： 复核员：

第一联：存根； 第二联：车间； 第三联：仓库

表 9-16 ×××有限公司

洗洁精质量检验报告单

产品名称：________　　　　No. ________

生产数量：________　　　　报告日期：________

生产批号：________　　　　生产日期：________

抽检数量：________　　　　检验日期：________

检 验 项 目	标 准 要 求	检 验 结 果
外观		
气味		
稳定性		
浊点/℃		
表面活性剂含量/%		
pH 值(25℃,1%溶液)		
细菌总数/(个/g)		
结论		
备注		

检验员：　　　　　　复核员：

第一联：存根；第二联：仓库；第三联：供应部

9.5 本章中英文对照表

序号	中文	英文
1	合成洗涤剂	synthetic detergent
2	洗衣粉	laundry powders
3	理化指标	physical and chemical index
4	外观	appearance
5	表观密度	apparent density
6	总五氧化二磷	the content of total phosphoric anhydride
7	总活性物含量	the content of total active matter
8	4A 沸石	4A zeolite
9	洗衣粉	laundry powders
10	非离子表面活性剂	non-ionic surface active agent
11	发泡力	foaming power
12	螯合剂	chelating agent
13	表观密度	apparent density
14	最终样品	final sample
15	实验室样品	laboratory sample
16	保存样品	storage sample
17	表面活性剂	surface active agent

10 肥皂质量控制检测

本章以“肥皂（soap）的生产制备（production）和检验（test）”的工作任务为载体，从肥皂的生产工艺着手展现了肥皂的制作原理和整个过程，了解肥皂的质量控制（quality control）检测要素、检验方案制定、质量指标、检验方法和步骤、相关指标判定等的操作思路与方法。让学生进一步了解检验中涉及的肥皂样品处理、肥皂的主要检验的指标体系、主要检验依据和规则、检验报告形式及填写等系统的知识和技能。

10.1 肥皂的生产制备及水分、挥发物含量的测定（入门项目）

10.1.1 工作任务书

“肥皂的制备及水分和挥发物含量的测定”工作任务书见表 10-1。

表 10-1 “肥皂的制备及水分和挥发物含量的测定”工作任务书

工作任务	某批次肥皂的制备及水分和挥发物含量的测定		
任务情景	企业加工生产若干批量为 20000 件的肥皂，企业要按规定配方完成生产任务		
任务描述	根据配方完成该批次肥皂的生产，并进行“水分和挥发物含量”指标的质控检验		
目标要求	(1)能根据配方作出该批次产品所需的原料、配比 (2)能按生产制备要求进行规范操作，制备出成品肥皂 (3)能根据水分和挥发物含量的测定检验结果对该批产品质量作出初步评价判断		
任务依据	肥皂中水分和挥发物含量的测定烘箱法(QB/T 2623.4)的应用		
学生角色	质检部员工	项目层次	入门项目
成果形式	项目实施报告(包括肥皂相关指标检验意义、步骤、方法；实施过程的原始材料：领料单、采样及样品交接单、产品留样单、原始记录单、检验报告单；知识技能小结、问题与思考)		
备注	制成的肥皂产品和不同油脂的样品干燥后要求拍摄成规范的电子图片。原始记录要求表格事先设计，数据现场记录		

10.1.2 工作任务实施导航

10.1.2.1 肥皂的小试制备

（1）工具与材料（试剂） 烧杯、量筒、蒸发皿、玻璃棒、酒精灯、铁圈、铁架台、火柴、猪油、乙醇、氢氧化钠溶液、氯化钠饱和溶液、蒸馏水。

（2）原理 油脂和氢氧化钠共煮，水解为高级脂肪酸钠和甘油，前者经加工成型后就是肥皂。

（3）操作步骤 在 150mL 烧杯里，盛 6g 猪油和 5mL 95%的乙醇，然后加 10mL 40%的 NaOH 溶液。用玻棒搅拌，使其溶解（必要时可用微火加热）。把烧杯放在石棉网上（或水浴中），用小火加热，并不断用玻璃棒搅拌。在加热过程中，若乙醇和水被蒸发应随时补充，以保持原有体积。为此可预先配制乙醇和水的混合液（1∶1）20mL，以备添加。加热约 20min，直到混合物变稠，皂化反应基本完全（若需检验，可用玻棒取出几滴试样放入试管，在试管中加入蒸馏水 5～6mL，加热振荡。静置时，有油脂分出，说明皂化不完全，可滴加碱液继续皂化）将 20mL 热的蒸馏水慢慢加到皂化完全的黏稠液中，搅拌使它们互溶。然后将该黏稠液慢慢倒入盛入 150mL 热的饱和食盐溶液中，边加边搅拌。静置后，肥皂便盐析上浮，待肥皂全部析出、凝固后可用玻棒取出，肥皂即制成。

（4）说明

① 油脂不易溶于碱水，加入乙醇是为了增加油脂在碱液中的溶解度，乙醇的高挥发性将水分快速带出，加快皂化反应速率。

② 加热用小火或热水浴。

③ 皂化反应（saponification）时，要保持混合液的原有体积，不能让烧杯里的混合液煮干或溅溢到烧杯外面。

注：皂化反应是油脂在碱性条件下的水解反应（hydrolysis）。

（5）注意事项

① 搅拌（stir）充分、均匀，方可作用完全。

② 充分了解苛性钠的化学性质与危险性。

10.1.2.2 查阅“水分和挥发物含量的测定”的相关国家标准

（1）查阅途径或方法　参见 2.1.2.1（1）。

（2）查阅结果　肥皂中水分和挥发物（volatile）含量的测定烘箱法（QB/T 2623.4）。

10.1.2.3 标准及标准解读

（1）相关标准

QB/T 2623.4　肥皂中水分和挥发物含量的测定烘箱法

1　概述

本方法规定了用烘箱法测定肥皂中的水分和挥发物含量。适用于测定肥皂在（103±2）℃加热条件下失去的水分以及其他物质，不适用于复合皂[1]。

2　原理

在规定温度下，将一定量的试样烘干至恒重[2]，称量减少量。

3　仪器和材料

普通实验仪器和蒸发皿，直径 6～8cm，深度 2～4cm、玻璃搅拌棒、硅砂[3]，粒度 0.425～0.180mm，40～100 目，洗涤并灼烧过、烘箱，可控制温度在（103±2）℃、干燥器，装有有效的干燥剂，如五氧化二磷，变色硅胶等。

4　试样

称取试样约 5g，精确至 0.01g。

5　测定

将玻璃棒置于蒸发皿中，如果待分析的样品是软皂[4]或在（103±2）℃时会融化的皂，则在蒸发皿中再放入硅砂 10g，将蒸发皿连同搅拌棒，根据需要加砂或不加砂，放入控温于（103±2）℃的烘箱内干燥。在干燥器中冷却 30min 并称量。

将试样加至蒸发皿中，如加有砂，则用搅拌棒混合，放入控温于（103±2）℃的烘箱。1h 后从烘箱中取出冷却，用搅拌棒压碎使物料呈细粉状。再置于烘箱中，3h 后，取出蒸发皿，置于干燥器内，冷却至室温称量。重复操作，每次置于烘箱内 1h，直至相继两次称量间的质量差小于 0.01g 为止。

记录最后称量的结果。

6　结果计算

肥皂中水分和挥发物的含量 X，以质量百分数表示，按式(1) 计算：

$$X(\%)=(m_1-m_2)\times100/(m_1-m_0) \tag{1}$$

式中 m_1——蒸发皿搅拌棒（及砂子）和试样加热前的质量，g；

m_2——蒸发皿搅拌棒（及砂子）和试样加热后的质量，g；

m_0——蒸发皿搅拌棒（及砂子）的质量，g。

以两次平行测定结果的算术平均值表示至整数个位作为测定结果。

7 精密度

在重复性条件下获得的两次独立测定结果的绝对差值不大于 0.25%，以大于 0.25%的情况不超过 5%为前提。

8 试验报告

(1) 完全鉴别样品所需要的所有资料；

(2) 所使用方法的参考；

(3) 分析结果和表示方法；

(4) 试验条件；

(5) 本标准中未规定或任选的任何操作细节，以及可能会影响结果的意外现象；

(6) 试验日期。

(2) 标准的相关内容解读

[1] 复合皂　在普通洗衣皂或普通香皂的基础上添加一定量的钙皂分散剂。它的作用主要有两个，一是降低表面活性剂的克拉夫特点温度，以提高肥皂在冷水中的溶解度；二是减少肥皂在硬水中生成钙皂，并有效地将所生成的钙皂分散。

[2] 恒重　除另有规定外，系指供试品连续两次干燥或灼烧后的质量差异在 0.3mg 以下的质量；干燥至恒重的第二次及以后各次称重均应在规定条件下继续干燥 1h 后进行；灼烧至恒重的第二次称重应在继续灼烧 30min 后进行。

[3] 硅砂　又名二氧化硅，或石英砂。硅产品因具有耐高温（可达 1730℃），热膨胀系数小，高度绝缘，耐腐蚀，具有压电效应和谐振效应，以及其独特的光学特性，使得其在化工、航天、电子、机械、冶金等行业被广泛应用。

[4] 软皂　是一种钾皂，高级脂肪酸的钾盐，学名为 3,4,5-三羟基苯甲酸，英文名 soft soap，它比高级脂肪酸钠盐要软，故称为软皂。将亚麻油、橄榄油或茶子油和氢氧化钾一起共煮。油脂和碱在溶液中进行了反应，皂化反应液内如加入食盐，就会发生盐析，肥皂在水面浮起，甘油的食盐溶液在下面，这样分离就可以得到半胶状物质，即软皂的生成。

与标准相关的知识：

① 我国一般把皂类分为香皂、洗衣皂和复合洗衣皂三大类。2008 年 3 月 12 日发布，9 月 1 日实施了由中国轻工业联合会提出，全国表面活性剂洗涤用品标准化中心归口的香皂（QB/T 2485—2008）、洗衣皂（QB/T 2486—2008）、复合洗衣皂（QB/T 2487—2008）中华人民共和国轻工行业标准。对产品的要求、试验方法、检验规则和标志、包装、运输、储存、保质期进行了严格的规范。

② QB/T 2623《肥皂试验方法》，该系列标准由八项标准组成，主要包括：肥皂中游离苛性碱含量的测定（QB/T 2623.1）；肥皂中总游离碱含量的测定（QB/T 2623.2）；肥皂中总碱量和总脂肪物含量的测定（QB/T 2623.3）；肥皂中水分和挥发物含量的测定烘箱法（QB/T 2623.4）；肥皂中乙醇不溶物含量的测定（QB/T 2623.5）；肥皂中氯化物含量的测定滴定法（QB/T 2623.6）；肥皂中不皂化物和未皂化物的测定（QB/T 2623.7）；肥皂中磷酸盐含量的测定（QB/T 2623.8）。根据浙江省洗涤类产品生产企业情况，我们选择了五个

项目来熟悉肥皂的生产和理化检验方法。检验人员应根据具体产品标准测定相应项目，并判定合格与否。

10.1.2.4 根据标准制订“肥皂中水分和挥发物含量”的检验方案

(1) 采样与留样 参见 3.1.2.3 (1)，并按要求填写样品留样标签和留样室档案记录表等。

(2) 测定与记录

① 测定准备 参考“QB/T 2623.4 肥皂中水分和挥发物含量的测定烘箱法”中“3 仪器和材料”。

② 测定

a. 称取试样约 5g，精确至 0.01g。

b. 将玻璃棒置于蒸发皿中，如果待分析的样品是软皂或在 (103±2)℃时会融化的皂，则在蒸发皿中再放入硅砂 10g，将蒸发皿连同搅拌棒，根据需要加砂或不加砂，放入控温于 (103±2)℃的烘箱内干燥。在干燥器中冷却 30min 并称量。

c. 将试样加至蒸发皿中，如加有砂，则用搅拌棒混合，放入控温于 (103±2)℃的烘箱。1h 后从烘箱中取出冷却，用搅拌棒压碎使物料呈细粉状。再置于烘箱中，3h 后取出蒸发皿，置于干燥器内，冷却至室温称量。重复操作，每次置于烘箱内 1h，直至相继两次称量间的质量差小于 0.01g 为止。

d. 记录最后称量的结果（设计原始记录表）。

(3) 填写成品检验单和检验报告 根据对本批次的产品检验，填写检测报告（见表 10-2)。

表 10-2 检测报告

检验项目				
供检样品预处理方法				
样品编号	1	2	3	4
样品量				
第一次干燥后质量				
第二次干燥后质量				
第三次干燥后质量				
减少质量				
水分和挥发物含量				
平均值				
结论：				检验人： 日期：

10.1.3 问题与思考

① 在进行干燥操作时，如何控制温度？

② 干燥前后样品的外观有什么变化？不同油脂用量对产品有什么影响？

③ 环保小课题：简述家庭如何利用废油脂制备肥皂。

10.2 肥皂中总游离碱含量的测定（自主项目）

10.2.1 工作任务书

“肥皂中总游离碱含量的测定”工作任务书见表10-3。

表10-3 “肥皂中总游离碱含量的测定”工作任务书

工作任务	某批次肥皂中总游离碱含量的测定		
任务情景	企业要按规定取样对肥皂中总游离碱含量的测定		
任务描述	根据肥皂中总游离碱含量的测定方法进行检测		
目标要求	(1)学会使用微量滴定管进行滴定操作 (2)学会非水溶液的配制和滴定 (3)能根据肥皂中总游离碱含量的测定检验结果对整批产品质量作出初步评价判断		
任务依据	肥皂中总游离碱含量的测定(QB/T 2623.4)的应用		
学生角色	质检部员工	项目层次	自主项目
备注	微量滴定管操作要求制作成规范的电子图片上交。原始记录要求表格事先设计，数据现场记录		

10.2.2 项目实施基本要求

① 查阅相关国家标准，展示查阅结果；

② 解读国家标准、检验意义、步骤、方法及相关原理；

③ 根据国标制定检验方案，设计相关表格，列出工具与材料；

④ 根据检验方案实施检验，提交检验结果；

⑤ 成果材料整理与提交。

10.2.3 问题与思考

① 该测定为什么不适用于复合皂?

② 滴定采用氢氧化钾乙醇标准滴定溶液而不用氢氧化钾水标准滴定溶液?

③ 硫酸标准滴定溶液加入的多少对测定有什么影响?

10.3 肥皂中游离苛性碱、乙醇不溶物及磷酸盐含量的测定（三个拓展项目）

拓展项目要求：

① 自拟任务书；

② 根据任务查阅相关标准；

③ 根据标准拟定检验方案；

④ 自主完成检验；

⑤ 提交完整原始材料；

⑥ 完成检验报告，作出样品品质评判。

10.4 教学资源

10.4.1 相关知识技能要点

10.4.1.1 肥皂

肥皂的用途很广，除了大家熟悉的用来洗衣服之外，还广泛地用于纺织工业。通常以高级脂肪酸的钠盐用得最多，一般叫做硬肥皂；其钾盐叫做软肥皂，多用于洗发、刮脸等。其铵盐则常用来做雪花膏。根据肥皂的成分，从脂肪酸部分来考虑，饱和度大的脂肪酸所制得的肥皂比较硬；反之，不饱和度较大的脂肪酸所制得的肥皂比较软。肥皂的主要原料是熔点较高的油脂。从碳链长短来考虑，一般来说，脂肪酸的碳链太短，所做成的肥皂在水中溶解度太大；碳链太长，则溶解度太小。因此，只有 C_{10}～C_{20} 的脂肪酸钾盐或钠盐才适于做肥皂，实际上，肥皂中含 C_{16}～C_{18} 脂肪酸的钠盐为最多。肥皂中通常含有大量的水。在成品中加入香料、染料及其他填充剂后，即得各种肥皂。

(1) 普通洗衣皂　普通使用的黄色洗衣皂，一般掺有松香，松香是以钠盐的形式而加入的，其目的是增加肥皂的溶解度和多起泡沫，并且作为填充剂也比较便宜。

(2) 白色洗衣皂　白色洗衣皂则加入碳酸钠和水玻璃（有含量可达 12%），一般洗衣皂的成分中约含 30%的水分。如果，把白色洗衣皂干燥后切成薄片，即得皂片，用以洗高级织物。

(3) 药皂　在肥皂中加入适量的苯酚和甲酚的混合物（防腐、杀菌）或硼酸即得药皂。

(4) 香皂　香皂需要比较高级的原料，例如，用牛油或棕榈油与椰子油混用制得的肥皂，弄碎，干燥至含水量约为 10%～15%，再加入香料、染料后，压制成型即得。

10.4.1.2 肥皂制造工艺

(1) 原理　制皂的基本化学反应是油脂和碱相互作用生成肥皂和甘油。

(2) 理论过程　反应所得的皂经盐析、洗涤、整理后，称为皂基，再继续加工而成为不同商品形式的肥皂。

(3) 工艺步骤

① 精炼　除去油脂中的杂质。常用精炼过程包括脱胶、碱炼（脱酸）脱色。脱胶是除去油脂中的磷脂等胶质，有用水将磷脂等胶质水化，然后沉淀析出的水化法；也有用浓硫酸使磷脂和类似的杂质碳化、沉淀的酸炼法。碱炼的主要作用在于除去油脂中的游离脂肪酸，但由于生成絮状皂，吸附而去除了油脂中的色素和杂质。

② 皂化　油脂精炼后与碱进行皂化反应。沸煮法是主要的皂化方法，皂锅呈圆柱形或方形。除配有油脂、碱液、水、盐水等的输送管道外，还装有直接蒸汽或蒸汽盘管，以通入蒸汽并搅匀皂料。锅中还装有摇头管，管的上口可放在任何液位，以排放锅内皂料。锅底呈锥形，下有放料管可以放出摇头管排料后剩下的残液。油脂和烧碱在皂锅内煮沸至皂化率达95%左右，皂料呈均匀的闭合状态时即停止皂化操作。

③ 盐析　在闭合的皂料中，加食盐或饱和食盐水，使肥皂与稀甘油水分离。使肥皂析出的最低浓度称为盐析极限浓度。闭合的皂胶经盐析后，上层的肥皂叫做皂粒；下层带盐的甘油水从皂锅底部排出，以回收甘油。

④ 洗涤　分出废液后，加水及蒸汽煮沸皂粒，使之由析开状态成为均匀皂胶，洗出残留的甘油、色素及杂质。

⑤ 碱析　为使皂粒内残留的油脂完全皂化，经碱析进一步洗出皂粒内的甘油、食盐、色素及杂质。碱析水完全析出的最低的碱的浓度称为碱析水的极限浓度。

⑥ 整理　调整碱析后皂粒内电解质及脂肪酸含量，减少杂质，改善色泽，获得最大的出皂率和质量合格的皂基。整理时要加入适量电解质（如烧碱、食盐），调整到足以使皂料析开成上下两个皂相。上层为纯净的皂基，下层为皂脚。皂脚色泽深，杂质多，一般在下一锅碱析时回用。

⑦ 成型　皂基冷凝成大块皂板，然后切断成皂坯，经打印、干燥成洗衣皂、香皂等产品。

10.4.1.3　肥皂去污原理

肥皂分子结构可以分成两个部分。一端是带电荷呈极性的 COO^-（亲水部位），另一端为非极性的碳链（亲油部位）。肥皂能破坏水的表面张力，当肥皂分子进入水中时，具有极性的亲水部位，会破坏水分子间的吸引力而使水的表面张力降低，使水分子平均地分配在待清洗的衣物或皮肤表面。肥皂的亲油部位，深入油污，而亲水部位溶于水中，此结合物经搅动后形成较小的油滴，其表面布满肥皂的亲水部位，而不会重新聚在一起成大油污。此过程（又称乳化）重复多次，则所有油污均会变成非常微小的油滴溶于水中，可被轻易地冲洗干净。肥皂去污的过程是一个相当复杂的过程，洗涤污水实际上是乳浊液、悬浊液、泡沫和胶体溶液的综合分散体系，去污过程是多种胶体现象的综合。

10.4.1.4　总游离碱

游离苛性碱和游离碳酸盐类碱的总和。其结果一般对钠皂用氢氧化钠（NaOH）的质量分数表示，对钾皂用氢氧化钾（KOH）的质量分数表示。

总游离碱的检测方法：参照 GB/T 601—2002。

10.4.2　本章中英文对照表

序号	中文	英文	序号	中文	英文
1	质量控制	quality control	5	水解反应	hydrolysis
2	肥皂	soap	6	搅拌	stir
3	生产制备	production	7	挥发物	volatile
4	皂化反应	saponification			

附录　常见日化产品检验术语中英文对照

中文	英文
螯合剂	chelating agent
保存样品	storage sample
苯酚	phenol
标准	standard
标准缓冲溶液	standard buffer solution
表观密度	apparent density
表面活性剂	surfactant
玻璃电极	glass electrode
不合格	nonconformity
不合格品	nonconforming item
参比电极	reference electrode
常规卫生指标	routine health index
成本	cost
成品	products
抽样方案	sampling plan
抽样能力	sample capacity
初次检验	original inspection
戴明	W. Edwards Deming
单位产品	item
发泡力	foaming power
放宽检验	reduced inspection
非离子表面活性剂	non-ionic surface active agent
肥皂	soap
分析检测	analysis and detection
粪大肠菌群	Fecal coliforms
负责部门	responsible authority
感官指标	sensory index
高压灭菌	high pressure sterilization
革兰染色	gram's staining
工作方案	work program
功能性化妆品	functional cometic
汞	mercury
过程控制	process control
过程平均	process average
合成洗涤剂	synthetic detergent

中文	英文
花露水	florida water
化妆品	cosmetics
化妆品卫生规范	hygienic standard for cosmetics
挥发物	volatile
加严检验	tightened inspection
甲醇	methanol
检测指标	detection index
检索	search
检验	inspection
搅拌	stir
酵母菌	yeast
接收质量限（AQL）	acceptance quality limit
金黄色葡萄球菌	*Staphylococcus aureus*
菌落总数	total colonies
冷原子吸收法	cold atomic absorption
离心试验	centrifugal test
理化指标	physical and chemical index
霉菌	mould
密度瓶	density bottle
耐寒	cold-resistance
耐热	heat-resistance
黏度	viscosity
培养基	medium
批	lot
气相色谱法	gas chromatography
铅	lead
氢化物原子荧光光度法	hydride generation -atomic fluorescence spectrometry
氢醌	hydroquinone
祛斑	freckle
全面质量控制（TQC）	total quality control
缺陷	defect
日化产品	cosmetic products
溶液	solution
熔点	melting point
色泽	color
砷	arsenic
生产制备	production
生理盐水	physiological saline
实验室样品	laboratory sample
数据	data
数据处理	data processing
水解反应	hydrolysis
特殊卫生指标	special health index

中文	英文
铜绿假单胞菌	*Pseudomonas aeruginosa*
头脑风暴法（BS）	brain storming
外观	appearance
微生物	microbial
洗涤类产品	washing products
洗面奶	facial cleaning milk
洗衣粉	laundry powders
细胞	cell
细菌	bacteria
相对密度	relative density
香型	flavor
阳性	positive
样本	sample
样本量	sample size
（样本）每百单位产品不合格数	nonconformities per 100 items（in a sample）
仪器	instruments
异常	abnormalities
因果	cause & effect
阴性	negative
鱼刺图	fishbone diagram
预处理	pretreatment
原、辅材料检验	testing of raw materials
原理	principle
原料	raw materials
皂化反应	saponification
正常检验	normal inspection
质感	texture
质检部	quality inspection department
质量保证（QA）	quality assurance
质量保证体系（QAS）	quality assurance system
质量管理体系（QMS）	quality management system
质量控制（QC）	quality control
质量控制点	quality control point
中控	process control
浊度	turbidity
总活性物含量	the content of total active matter
总五氧化二磷	the content of total phosphoric anhydride
最终样品	final sample
4A 沸石	4D zeolite

参 考 文 献

[1] 中国轻工业标准汇编：化妆品卷. 北京：中国标准出版社，2003.

[2] 化妆品卫生规范. 中华人民共和国卫生部发布，2007.

[3] GB/T 2828.1—2003 计数抽样检验程序.

[4] QB/T 1858.1—2006 花露水.

[5] QB 1994—2004 沐浴剂.

[6] CCGF 211.2—2008 润肤膏霜、润肤乳液、洗面奶（膏）、面膜.

[7] QB/T 1858—2004 香水　古龙水.

[8] QB/T 1857—2004 润肤膏霜.

[9] QB/T 1645—2004 洗面奶（膏）.

[10] GB/T 5173—1995 表面活性剂和洗涤剂　阴离子活性物的测定　直接两相滴定法.

[11] GB/T 13173—2008 表面活性剂　洗涤剂试验方法.

[12] GB/T 13171—2004 洗衣粉.

[13] GB/T 6372—2006 洗涤剂分样器.

[14] GB/T 13174—2003 衣料用洗涤剂去污力及抗污渍再沉积能力的测定.

[15] GB/T 6368—2008 表面活性剂　水溶液 pH 值的测定　电位法.

[16] GB 9985—2000 手洗餐具用洗涤剂　国家标准第 2 号修改单.

[17] CCGF 211.8—2008 餐具洗涤剂.

[18] CCGF 211.7—2008 洗衣粉（含洗衣膏）.

[19] CCGF 211.5—2008 香水、古龙水、花露水、化妆水、面贴膜.

[20] CCGF 211.8—2008 产品质量监督抽查实施规范　餐具洗涤剂.

[21] QB/T 2623.4 肥皂中水分和挥发物含量的测定烘箱法.